绿色"一带一路"与2030年可持续发展议程 2020

生态环境部对外合作与交流中心 编

中国环境出版集团·北京

图书在版编目（CIP）数据

绿色"一带一路"与2030年可持续发展议程："一带一路"绿色发展系列研究报告. 2020/生态环境部对外合作与交流中心编. —北京：中国环境出版集团，2021.12

ISBN 978-7-5111-4702-8

Ⅰ. ①绿… Ⅱ. ①生… Ⅲ. ①环境保护政策—研究报告—中国—2020②环境保护—可持续发展—研究报告—中国—2030 Ⅳ. ①X012②X22

中国版本图书馆 CIP 数据核字（2021）第 064101 号

出 版 人 武德凯
责任编辑 黄 颖
责任校对 任 丽
封面设计 宋 瑞

出版发行 中国环境出版集团
 （100062 北京市东城区广渠门内大街 16 号）
 网 址：http://www.cesp.com.cn
 电子邮箱：bjgl@cesp.com.cn
 联系电话：010-67112765（编辑管理部）
 发行热线：010-67125803，010-67113405（传真）
印 刷 北京建宏印刷有限公司
经 销 各地新华书店
版 次 2021 年 12 月第 1 版
印 次 2021 年 12 月第 1 次印刷
开 本 787×1092 1/16
印 张 12.5
字 数 268 千字
定 价 58.00 元

编 委 会

序

当今世界，绿色发展已成为国际共识，随着"一带一路"建设进入高质量发展阶段，国际社会对生态环境保护的关注度进一步提高。"一带一路"沿线多为发展中国家和新兴经济体，经济发展对资源依赖度较高，普遍面临着工业化、城市化带来的发展与保护的矛盾。2016年，联合国大会通过决议，呼吁各国积极参与和推进"一带一路"建设，并且希望"一带一路"建设与联合国2030年可持续发展议程结合起来。

"一带一路"不仅是经济繁荣之路，也是绿色发展之路。《推动共建丝绸之路经济带和21世纪海上丝绸之路的愿景与行动》明确提出要突出生态文明理念，加强生态环境、生物多样性和应对气候变化合作，共建绿色丝绸之路。

2017年5月，习近平主席在首届"一带一路"国际合作高峰论坛上强调，"要践行绿色发展的新理念……加强生态环保合作，建设生态文明，共同实现2030年可持续发展目标"。

2019年4月，习近平主席在第二届"一带一路"国际合作高峰论坛上强调，"把绿色作为底色，推动绿色基础设施建设、绿色投资、绿色金融，保护好我们赖以生存的共同家园"。

2020年11月，《中共中央关于制定国民经济和社会发展第十四个五年规划和二〇三五年远景目标的建议》提出，要秉持"绿色、开放、廉洁"理念，推动共建"一带一路"高质量发展。

共建绿色"一带一路"与联合国2030年可持续发展议程在目标、原则和实施路径上高度契合、相辅相成、协同推进，为共建国家落实2030年可持续发展议程注入新动力。中国积极同共建"一带一路"国家开展生态环保合作，加强政策、法律、标准、技术等各领域对接交流，通过政策对话、专家研讨、信息共享等方式，促进知识传播，扩大绿色发展的国际共识；通过实施绿色投资、技术转移、人才培养等合作项目，共同提高环境管理水平；通过双（多）边合作与区域合作，助力全球环境治理。

生态环境部对外合作与交流中心(以下简称中心)是生态环境部直属事业单位,在政策研究、国际公约履约、区域及双(多)边合作、产业技术交流及能力建设等领域为生态环境部开展国际合作提供支持与服务,是中国生态环境保护对外合作与交流的重要平台。近年来,中心在推动绿色"一带一路"建设、落实 2030 年可持续发展议程以及区域环保合作等方面开展了大量政策研究,相关研究建议得到了生态环境部的高度重视。本书收录了中心编写的相关领域优秀政策研究报告,内容主要涉及绿色"一带一路"建设、2030 年可持续发展议程和相关国际环境热点议题,可为生态环保工作者及相关研究人员提供参考。

第一篇"绿色'一带一路'与 2030 年可持续发展议程",主要围绕绿色"一带一路"建设的重要理论与现实意义,以及与落实 2030 年可持续发展议程的内在联系开展了相关研究,并对联合国等国际组织、机构在绿色"一带一路"建设、可持续发展领域的重点报告进行了具体分析。

第二篇"绿色'一带一路'建设路径",从政策、标准、产业、投资等不同角度对如何实现绿色"一带一路"建设进行了研究,提出政策建议和具体分析工具。

第三篇"区域环保合作助力绿色'一带一路'建设",选取了中蒙俄、中东欧、东盟、上合等"一带一路"重点合作区域,对区域生态环境合作情况进行了梳理并提出未来合作建议。

本书由中心各处室有关研究人员共同编写,同时也得到了相关领导和专家的悉心指导,在此一并表示感谢。未来,中心将继续关注国际环境热点议题,开展生态环保国际交流合作,支持相关领域的研究与决策工作,为推动绿色"一带一路"建设、落实 2030 年可持续发展目标做出积极贡献。

生态环境部对外合作与交流中心

2021 年 3 月

目录

第三篇　区域环保合作助力绿色"一带一路"建设

第一篇

绿色"一带一路"
与 2030 年可持续发展议程

共建绿色"一带一路",
打造人类绿色命运共同体实践平台①

文/周国梅 蓝艳

当今世界发展面临百年未有之大变局,实现绿色和可持续发展正是破解当前全球性问题的重要途径,绿色"一带一路"为破解全球治理难题贡献了中国智慧,为促进新时代可持续发展提供了中国方案。2017 年 5 月,习近平主席在首届"一带一路"国际合作高峰论坛(以下简称高峰论坛)上指出,"要践行绿色发展的新理念,倡导绿色、低碳、循环、可持续的生产生活方式,加强生态环保合作,建设生态文明,共同实现 2030 年可持续发展目标"。2019 年 4 月,习近平主席在第二届高峰论坛上强调,"把绿色作为底色,推动绿色基础设施建设、绿色投资、绿色金融,保护好我们赖以生存的共同家园",并提出"我们同各方共建'一带一路'可持续城市联盟、绿色发展国际联盟……启动共建'一带一路'生态环保大数据服务平台,将继续实施绿色丝路使者计划,并同有关国家一道,实施'一带一路'应对气候变化南南合作计划"。

将"一带一路"打造成绿色发展之路一直是中国政府的初心和承诺,也是所有共建国家的共同需求和目标。共建绿色"一带一路"顺应全球可持续发展的时代趋势,契合共谋全球生态文明的发展需求,满足共建国家推动绿色发展的普遍愿望,为推动"一带一路"高质量发展提供了有力保障和坚实支撑。

一、积极实践,绿色"一带一路"从谋篇布局到走实走深

"一带一路"建设实践中,中国始终秉持绿色发展理念,与共建"一带一路"国家共同推动落实联合国 2030 年可持续发展议程,在生态环境治理、生物多样性保护和应对气候变化等领域积极开展双(多)边合作和区域合作,不断推动绿色"一带一路"走实走深,生态环保务实合作不断取得积极成果。

---

① 本文刊载于《环境保护》2019 年第 17 期,收录入本书时有增改。

（一）完善顶层设计，合作机制不断完善

2015 年 3 月，国家发展和改革委员会（以下简称国家发展改革委）、外交部、商务部联合发布的《推动共建丝绸之路经济带和 21 世纪海上丝绸之路的愿景与行动》中明确提出，要在投资贸易中突出生态文明理念，加强生态环境、生物多样性和应对气候变化合作，共建绿色丝绸之路。2017 年，环境保护部发布《"一带一路"生态环境保护合作规划》，并联合外交部、国家发展改革委、商务部共同发布《关于推进绿色"一带一路"建设的指导意见》，明确了绿色"一带一路"建设的路线图和施工图。

随着"一带一路"倡议的逐步推进，绿色"一带一路"已经得到越来越多国际合作伙伴的响应。目前，生态环境部已与共建国家和国际组织签署了数十份双边和多边生态环境合作文件，并与中外合作伙伴共同发起成立了"一带一路"绿色发展国际联盟（以下简称联盟）。联盟由习近平主席在首届高峰论坛上提出，于第二届高峰论坛绿色之路分论坛上正式启动，并被列为《第二届"一带一路"国际合作高峰论坛圆桌峰会联合公报》中专业领域多边合作的倡议平台。联盟旨在打造一个促进实现"一带一路"绿色发展国际共识、合作与行动的多边合作倡议平台。截至目前，已有 43 个国家的 150 多家合作伙伴加入联盟，其中包括共建国家的政府部门、国际组织、智库和企业等 70 多家外方机构。随着联盟首次全体会议的召开和联盟联合主席、联盟咨询委员会、专题伙伴关系的确定，联盟各项工作已全面启动，联合研究、示范项目和专题伙伴关系等活动得到有序推进。

（二）丰富合作平台，合作模式更加务实

依托生态环境部对外合作与交流中心、中国—东盟环境保护合作中心、中国—上海合作组织环境保护合作中心、澜沧江—湄公河环境合作中心等实施机构，深化和拓展与共建国家在生态环保方面的合作。同时，继续推动区域环境保护国际合作平台建设（生态环境部与柬埔寨环境部共同建立中柬环境合作中心；老挝中非环境合作中心、中老环境合作办公室），积极推动生态环保能力建设活动和示范项目等。建立"一带一路"环境技术交流与转移中心（深圳），聚焦产业发展优势资源，促进环境技术创新发展与国际转移。这些重点平台将成为区域和国家层面推动"一带一路"生态环保合作的重要依托。

同时，积极落实习近平总书记在首届高峰论坛上提出的关于设立"一带一路"生态环保大数据服务平台（以下简称大数据平台）的倡议，于第二届高峰论坛绿色之路分论坛上正式启动大数据平台。大数据平台旨在借助"互联网＋"、大数据等信息技术，建设一个开放、共建、共享的生态环境信息交流平台，并为共建"一带一路"国家绿色发展提供环境数据支持，共享生态环保理念、法律法规与标准、环境政策和治理措施等信息，服务于绿色"一带一路"建设和联合国 2030 年可持续发展议程的落实。大数据平台和联

盟一个是线上的数据知识平台,一个是线下的实体合作平台,两者相辅相成,是生态环境部推动绿色"一带一路"建设的两个核心平台。

(三)深化政策沟通,绿色共识持续凝聚

充分利用现有国际和区域合作机制,积极参与联合国环境大会、联合国气候行动峰会、金砖国家环境部长会议、中国—中东欧国家环保合作部长级会议等活动,宣传和分享我国生态文明和绿色发展的理念、实践和成效,将"一带一路"打造成全球生态文明和绿色命运共同体的重要载体。

主动搭建绿色"一带一路"政策对话和沟通平台,举办第二届"一带一路"国际合作高峰论坛绿色之路分论坛、"一带一路"绿色发展国际联盟全体会议、中国环境与发展国际合作委员会绿色"一带一路"与2030年可持续发展议程主题论坛、中国—东盟环境合作论坛等系列主题交流活动,并在生物多样性保护、应对气候变化、生态友好城市等领域,每年举办20余次专题研讨会,共建国家和地区超过800人参加交流。通过政策对话搭建沟通桥梁,构建绿色发展国际合作伙伴关系和网络,进一步凝聚绿色"一带一路"国际共识。

(四)务实合作成果,共建成效日渐显现

绿色丝路使者计划是中国政府支持共建"一带一路"国家提升环境管理能力,共同实现2030年可持续发展目标而打造的重要绿色公共产品。绿色丝路使者计划以能力建设合作为基础,已为共建国家培训环境官员、研究学者及技术人员2 000余人次,遍布120多个国家。未来3年将聚焦绿色经济与低碳发展、环境管理及污染治理、减缓和适应气候变化等领域,向共建国家提供1 500个培训名额,培养一批理念先进、知识丰富、业务精通的绿色使者。

中国政府还与有关国家共同实施"一带一路"应对气候变化南南合作计划,提高共建国家应对气候变化能力,积极促进《巴黎协定》落实。结合共建国家绿色发展现状和需求,通过低碳示范区建设和能力建设活动等方式,帮助共建国家提升减缓和适应气候变化的水平,支持共建国家能源转型,促进中国环保技术和标准、低碳节能和环保产品国际化。

二、惠及各方,推动构建人类绿色命运共同体实践平台

综观全球,当今世界正经历新一轮大发展、大变革、大调整,人类面临的不稳定、不确定因素仍然很多。我国倡导并推动构建人类命运共同体,体现了我国将自身发展与

世界共同发展相统一的全球视野和大国担当。建设绿色家园是人类的共同梦想,推动建设绿色"一带一路"正逐渐成为我国参与全球环境治理、推动构建人类绿色命运共同体的生动实践,也是我国新发展理念、生态文明理念在国际社会中的重要践行。

(一)凝聚绿色共识是打造人类绿色命运共同体的基本前提

坚持在生态文明大背景下推动绿色"一带一路"建设,通过绿色"一带一路"传播生态文明理念,在共建国家推动形成生态文明建设共识,加强中国生态文明与共建国家可持续发展理念互学互鉴、相互理解和共同进步,为务实推进绿色"一带一路"国际合作奠定良好基础。绿色"一带一路"推动共建国家积极参与全球环境治理与气候治理体系改革和建设,推动商订公平公正的治理规则,提升全球环境治理与气候治理水平,为全球治理体系变革提供新思路、新方案。

(二)构建绿色发展伙伴关系是打造绿色命运共同体的有效途径

互联互通是共建"一带一路"的关键,特别是在全球化和信息化深入发展的背景下,构建牢固的绿色发展伙伴关系、加快合作伙伴的融合发展是促进绿色"一带一路"建设的有效途径和必然选择。"一带一路"绿色发展国际联盟、生态环保大数据服务平台的启动和绿色丝路使者计划等活动的实施,构建了广泛务实的"一带一路"绿色发展国际合作伙伴关系与网络,搭建了政策沟通和对话平台、环境知识和信息共享平台、绿色技术交流和转让平台,形成了多领域、多层次的生态环保合作格局。未来将以重点国家为依托,推动实施绿色发展示范项目,形成更多绿色实践成果,打造有亮点、有成果的全球绿色发展伙伴关系。

(三)落实 2030 年可持续发展议程是打造绿色命运共同体的发展目标

共建绿色"一带一路"与联合国 2030 年可持续发展议程在目标、原则、实施路径上高度契合,协同推进绿色"一带一路"将为区域可持续发展提供重要路径。2016—2019年,联合国可持续发展解决方案网络(SDSN)与贝塔斯曼基金会联合发布可持续发展目标指数和指示板全球报告。数据显示,2016—2019 年,缅甸(可持续发展目标指数从 44.50 上升至 62.18)、柬埔寨(可持续发展目标指数从 44.37 上升至 61.78)、孟加拉国(可持续发展目标指数从 44.42 上升至 60.88)、马达加斯加(可持续发展目标指数从 36.23 上升至 46.70)、老挝(可持续发展目标指数从 49.91 上升至 62.03)、尼泊尔(可持续发展目标指数从 51.53 上升至 63.93)、埃塞俄比亚(可持续发展目标指数从 43.06 上升至 53.25)、巴基斯坦(可持续发展目标指数从 45.71 上升至 55.57)等与我国签订共建"一带一路"政府间合作协议的国家,可持续发展目标指数已有明显上升。我国的可持续发展目标指数从 2016 年的 59.07 上升至 2019 年的 73.21。

三、务实开拓，推动绿色"一带一路"向高质量发展

建设绿色"一带一路"，就是要践行"绿水青山就是金山银山"理念，共谋全球生态文明建设之路。推动绿色"一带一路"向高质量发展，将为共建国家和地区创造更多的绿色公共产品，有效推动 2030 年可持续发展议程的落实。

（一）主动运筹，统筹规划布局和战略对接

一是明确指导原则。以绿色发展、低碳发展、循环经济等为指导原则，将环境和可持续发展纳入区域及国家发展主流，将绿色"一带一路"与共建国家可持续发展目标中的优先事项保持一致，特别是与生态环境保护和可持续发展相关的优先事项。

二是加强战略对接。依托中国—东盟环境保护合作中心、中国—上海合作组织环境保护合作中心、澜沧江—湄公河环境合作中心、金砖国家峰会、欧亚经济论坛、中非合作论坛等双（多）边机制，推动绿色"一带一路"与共建国家可持续发展战略的有效对接，把"一带一路"生态环保合作作为中国与有关国家和国际组织签署共建"一带一路"合作谅解备忘录的重要内容。

三是强化规划对接。充实强化"一带一路"建设相关规划中生态环境合作的内容，在已编制基础设施互联互通和国际产能合作规划，以及部分生态环境问题比较突出的国家，联合编制生态环境保护和绿色发展规划。

四是加强生态环境规则标准与技术对接。遵循各方普遍支持的规则标准，加大生态环境规则标准对接力度，并积极推动中国标准和技术国际化，以规则标准建设促进战略对接。

（二）不忘底色，引导绿色投资和风险防范

一是强化绿色金融支持绿色"一带一路"建设。在国际层面，研究制定"一带一路"绿色投融资原则和指引，成立"一带一路"沿线多国参与的"一带一路"绿色投融资担保机构，探索设立"一带一路"绿色发展基金，在"一带一路"沿线金融机构开展环境信息披露；在国家层面，积极培育绿色投融资市场需求和责任投资者，通过金融监管政策引导和鼓励金融机构建立绿色投融资机制；在金融机构层面，促进金融机构建立清晰的绿色金融发展战略，建立和完善境外业务绿色金融政策制度，建立环境与社会风险评估方法、环境与社会风险全流程管理和应对机制，在投资决策中融入可持续发展理念，并实施环境信息披露。

二是项目生态环境风险评价。通过环境风险评价，识别并避开生态敏感区，减少对区域环境的影响。探索建立"一带一路"项目分级分类体系，将生态环境影响因素纳入"一带一路"建设项目评级体系。

（三）积极作为，加强能力建设促进民心相通

一是实施绿色丝路使者计划。将绿色丝路使者计划打造成生态环保能力建设的旗舰项目。在污染防治和气候变化领域为共建国家培训环境官员；推动共建国家及我国重点地区地方政府共同参与生态环保能力培训，借助"一带一路"环境技术交流与转移中心（深圳）、中国—东盟环保技术和产业合作交流示范基地等平台，引导绿色技术与产业交流合作。

二是推动环保社会组织交流合作。支持和推动中国与共建国家环保社会组织的交流与合作，引导环保社会组织建立自身合作网络，完善环保社会组织参与机制，建立协商与决策参与机制。

参考文献

[1] United Nations. Transforming Our World：The 2030 Agenda for Sustainable Development[R]. 2015.

[2] Kroll C. Sustainable Development Goals：Are the Rich Countries Ready？[R]. New York：Bertelsmann Stiftung and Sustainable Development Solution Network（SDSN），2015.

[3] Sachs J，Schmidt-traub G，Kroll C，et al. SDG Index and Dashboards Report 2018 Global Responsibilities Implementing the Goals[R]. New York：Bertelsmann Stiftung and Sustainable Development Solutions Network（SDSN），2018.

[4] Sachs J，Schmidt-traub G，Krollc，et al. Sustainable Development Report 2019. Transformation to Achieve the Sustainable Development Goals[R]. New York：Bertelsmann Stiftung and Sustainable Development Solutions Network（SDSN），2019.

[5] Zhou L，Gilbert S，Wang Y，et al. Moving the Green Belt and Road Initiative：From Words to Actions[R]. Washington，D.C：World Resources Institute，2018.

"一带一路"推动哈萨克斯坦落实2030年可持续发展目标

文/蒙天宇

一、"一带一路"在哈萨克斯坦的进展

(一)哈萨克斯坦概况

哈萨克斯坦(除标题和段首外,简称哈)全称为哈萨克斯坦共和国,地跨欧洲和亚洲,大部分国土位于中亚北部,国土面积约273平方千米,是世界面积第九大国家,也是世界上最大的内陆国家。根据世界银行的划分,哈属于中高收入国家,2018年哈国内生产总值约1 793亿美元,同年总人口数为1 827万人。[①] 哈是中亚最大的经济体,2018年国内生产总值占中亚地区生产总值的60%。根据联合国开发计划署的测算,哈2018年的人类发展指数为0.817,居全球第50位。[②]

(二)中国在哈萨克斯坦投资概况

哈萨克斯坦于1991年独立,截至2019年9月共吸引了来自120个国家的3 300亿美元的外商直接投资(FDI),其中50%来自欧盟,15%来自美国,5%来自英国,5%来自中国。[③] 相较欧美而言,中国在哈的直接投资有限。哈具有丰富的石油、天然气及矿产资源。在"一带一路"倡议提出前,中哈合作主要集中在油气资源方面。2005年,中国石油天然气集团有限公司以41.8亿美元的价格收购了哈萨克斯坦石油公司(Petrokazakhstan),并斥资7亿美元修建石油管道。2009年,中国向哈提供了100亿美元贷款,用于多个油气及基建项目。[④]

---

① World Bank. https://data.worldbank.org/country/kazakhstan.
② UNDP. Human Development Report 2019[R].2019.
③ 本段仅指外商直接投资,不涉及贸易。Kazakhstan attracts $ 330 billion FDI since 1991[N/OL]. Astana Times,[2019-09-11]. https://astanatimes.com/2019/09/kazakhstan-attracts-330-billion-fdi-since-1991/.
④ Decree of the Government of the Republic of Kazakhstan dated April 14,2009. On the signing of a Memorandum between the Government of the Republic of Kazakhstan and the Government of the People's Republic of China on integrated cooperation in the field of energy and credit.

（三）"一带一路"在哈萨克斯坦的进展

哈萨克斯坦是中国的邻国，亦是古代丝绸之路的重要部分。2013 年 9 月，习近平主席在访哈期间正式提出建设"新丝绸之路经济带"。中哈政府在 2015 年签署了一系列协议，包括《中哈两国政府关于加强工业与投资领域合作的框架协议》《巴伊捷列克国家控股公司与中信集团关于共同参与哈萨克斯坦基础设施基金的协议》《马沙里采矿选矿联合企业与中国进出口银行的贷款框架协议》《欧亚资源集团与中国国家开发银行的框架协议》《哈出口投资促进署股份公司与丝路基金关于建立工业创新合作项目特别投资基金的相互谅解与协作备忘录》《阿斯塔纳轻轨股份公司（LRT）与中国国家开发银行贷款协议》《阿斯塔纳轻轨股份公司与中国公司联营体的工程总承包 EPC 合同》。[①]

其中，《中哈两国政府关于加强工业与投资领域合作的框架协议》为"一揽子"项目，尤为引人注目。哈官方数据显示，该协议包括 55 个项目，价值 275.89 亿美元。[②] 化工及石化产业（基本为石油和天然气）投资约 139.09 亿美元，约占总投资额的 50%；其次为采矿及冶金，投资约 59.80 亿美元，约占总投资额的 20%。然后依次为能源、机械制造、食品生产、其他项目等产业，详见图 1。

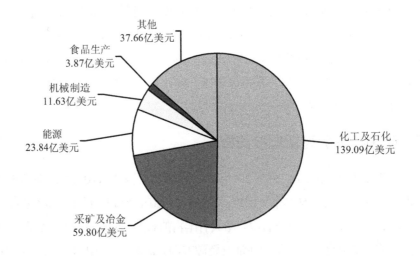

图 1　中国在哈萨克斯坦投资情况

数据来源：哈萨克斯坦投资官网（invest.gov.kz）。

---

① 张圣鹏. 哈萨克斯坦与中国签署一系列合作协议[EB/OL]. [2015-09-02]. http://kz.mofcom.gov.cn/article/jmxw/201509/20150901102970. shtml.

② https://invest.gov.kz/media-center/press-releases/stroitelstvo-kazakhstansko-kitayskikh-invest-proektov-budet-vestis-v-sootvetstvii-s-zakonodatelstvom/.

从类别来看，这 55 个项目中有化工及石化产业项目 12 个、采矿及冶金项目 8 个、能源项目 15 个、机械制造项目 5 个、食品生产项目 5 个、其他项目 10 个。截至 2019 年 9 月，有 15 个项目已经实施，价值 39.57 亿美元；有 11 个项目正在建设中，价值 37.74 亿美元；其余 29 个项目正处于规划阶段。已经实施的项目中，旨在生产高附加值产品的项目占 1/3；正处于规划阶段的项目中，生产消费制成品的项目占 1/10。

二、哈萨克斯坦落实 2030 年可持续发展目标的进展

（一）落实 2030 年可持续发展目标的整体进展

哈萨克斯坦近年来经济持续增长，正在稳步落实联合国 2030 年可持续发展目标。根据联合国的数据[①]及哈政府向联合国提交的进展报告，[②] 截至 2018 年年底，哈在整体落实 2030 年可持续发展目标过程中面临较大的挑战，但在社会和经济领域的部分目标上取得了一定进展，包括无贫穷（目标 1）、零饥饿（目标 2）、良好健康和福祉（目标 3）、优质教育（目标 4）、经济适用的清洁能源（目标 7）、减少不平等（目标 10）、负责任消费和生产（目标 12）等。

以无贫穷（目标 1）为例，[③] 哈的国家贫困线为每人每月 78.5 美元，2001 年处于贫困线及以下的人口数占总人口数的 46.7%，2018 年该比例降为 4.3%；根据世界银行确定的中高收入国家每人每天 5.5 美元的贫困标准，2011 年哈低于该标准的人口数占总人口数的 15.3%，2018 年该比例降为 7.4%。以优质教育（目标 4）为例，截至 2018 年年底，哈的中等教育覆盖了 100% 的适龄人群，95.2% 的 3～6 岁儿童进入学前教育机构，年轻人可获得免费的技术和职业培训。哈寻求建立全方位的教育体系，以期为每个年龄段的公民提供所需的培训。

（二）落实 2030 年可持续发展目标中环境领域相关目标的进展

哈萨克斯坦在落实环境领域的 2030 年可持续发展目标上进展较为缓慢。这些目标包括清洁饮水和卫生设施（目标 6）、气候行动（目标 13）、水下生物（目标 14）、陆地生物（目标 15）等。此外，整体来看，哈在落实环境领域目标上的进度也普遍低于落实社会及经济领域目标上的进度。

---

① UN. SDG Statistics. https://country-profiles.unstatshub.org/https://country-profiles.unstatshub.org/kaz.
② UN. Voluntary national review 2019 on the implementation of the 2030 agenda for sustainable development. https://sustainabledevelopment.un.org/content/documents/23946KAZAKHSTAN_DNO__eng_4.Juli19.pdf.
③ 由于每个可持续发展目标包括多个子目标，举例中针对的每个目标并未穷尽其每个子目标的进展，而是阐述进展较好的子目标的情况。

以气候行动（目标 13）为例，哈在国家自主贡献中设定了温室气体（GHG）减排目标根据实际情况来看，自 2001 年以来，哈 GHG 排放量持续增加，其排放来源主要为化石能源燃烧，涉及电力、供热、冶金、交通等多个行业。哈在 2017 年的 GHG 排放量为 3.532 亿吨二氧化碳当量，已经超过减排目标下的 2030 年的排放量。哈如果不采取严格措施控制排放或减少排放，根据目前的趋势，落实减排目标存在较大困难。

三、在哈萨克斯坦"一带一路"项目可能面临的环境问题

哈萨克斯坦面临严重的环境挑战，包括水、大气、固体废物、土壤、核辐射[1]、生物多样性等领域。其不当的农业操作及重工业排放导致土壤和水资源污染、生物多样性丧失。水资源的污染进一步导致水资源短缺。采矿业的发展使得生态系统遭到破坏。咸海持续缩小，核废料处置不当引发了长期的环境问题。[2]

哈空气污染严重，数百万人受空气污染影响。其碳排放强度、人均碳排放量均排在全球前列。同时，全球气候变暖对哈的经济增长、能源安全构成严重威胁，并且可能导致冰川范围的缩小。[3]

在哈的"一带一路"项目多分布在石油化工、采矿冶金、能源机械等行业。对于前文提到的广受关注的 55 个"一带一路"项目，哈政府于 2019 年 10 月公布了项目清单及用工信息等，强调中哈合作的目的是促进哈向外向经济体转型，并明确指出所有项目均使用现代技术，需遵守哈相关法律，需在达到环境标准并获得批准后方可开工建设。环保人士认为哈政府的表态释放出积极信号。这 55 个项目虽以油气及采矿为主（共 20 个，投资额 200 亿美元，约占总投资额的 70%），但仍有可观的可再生能源项目，超出了部分观察者的预期。[4] 单个项目的实际环境影响还有待企业层面的披露。

四、对"一带一路"在哈萨克斯坦推进的政策建议

中哈具有广泛且长久的经贸往来，在哈的"一带一路"项目有助于创造就业机会、改善民生、促进哈经济发展，有利于哈全面落实 2030 年可持续发展目标。然而，"一带一路"在哈也面临政治、金融、社会及环境等方面的挑战，并且这些挑战越来越互相交

---

① 苏联时代哈萨克斯坦是其核试验基地。
② ADB. Kazakhstan Environmental Assessment. https://www.adb.org/sites/default/files/linked-documents/cps-kaz-2012-2016-ena.pdf.
③ UNECE. Kazakhstan Environmental Performance Reviews. https://www.unece.org/fileadmin/DAM/env/epr/epr_studies/ECE_CEP_185_Eng.pdf.
④ Eugene Simonov. Half China's investment in Kazakhstan is in oil and gas[EB/OL]. [2019-12-29]. https://www.chinadialogue.net/article/show/single/en/11613-Half-China-s-investment-in-Kazakhstan-is-in-oil-and-gas.

织，须谨慎对待。绿色是"一带一路"的底色，在哈推动绿色"一带一路"有助于应对环境风险及整体风险，有助于"一带一路"行稳致远，以下是具体建议。

（一）秉持高质量建设"一带一路"项目的原则，助力哈的低碳、可持续发展及实现气候目标

中哈合作的"一带一路"项目被哈政府在文件和讲话中反复提及，"一带一路"已被置于镁光灯下，它的任何进展都受到极大关注。与此同时，日本和欧盟于2019年10月签订了基建投资协议，双方以建设高质量基建为目标。[①] 美、日、澳三国的政府/投资机构在2019年11月东盟峰会期间发起了基础设施投资相关倡议，强调可持续设施投资。[②] 在此国际国内背景下，在哈打造高质量的"一带一路"项目更具紧迫性和必要性。

（二）尝试"南南合作+国际金融"机构的模式，引入国际金融机构的参与，从而促进提升项目的环境、社会表现及提高中国企业的环境、社会和公司治理（ESG）能力

"一带一路"项目融资方式不一，但多为企业自行投资或中资银行贷款建设，建议适当引入国际金融机构的资金和专业能力。以中国三峡国际、丝路基金和国际金融公司（IFC）合资的中国三峡南亚投资有限公司为例，该公司主要在南亚建设可再生能源项目，IFC推动该公司的能力建设，与此同时，该公司执行的项目须遵守《国际金融公司绩效标准》（包括环境、社会等标准）。这既提升了项目的环境表现，也提高了三峡集团的环境、社会和公司治理（ESG）综合能力。[③]

（三）发挥"一带一路"绿色发展国际联盟的平台优势，注重吸纳中亚地区的合作伙伴，提高中亚地区（包括哈）政府、机构、咨询委员在联盟的占比

"一带一路"绿色发展国际联盟（以下简称绿色联盟）于2019年4月正式启动，官网显示，截至2020年6月，联盟共有136个合作伙伴，其中有26个共建国家政府部门。[④] 生态环境部和部分中亚国家签订了合作备忘录，也建立了合作机制，绿色联盟可吸纳中亚国家（包括哈）的政府、机构、企业及专家，发挥政策沟通、技术交流的作用，助力

① DW. EU-Japan take on China's BRI with own Silk Road[EB/OL]. [2019-10-04]. https://www.dw.com/en/eu-japan-take-on-chinas-bri-with-own-silk-road/a-50697761.
② FT. US backs infrastructure scheme to rival China's Belt and Road[EB/OL]. [2019-12-04]. https://www.ft.com/content/5c0a6226-fed1-11e9-b7bc-f3fa4e77dd47.
③ Thomas Hale. Filling the sustainable infrastructure gap in Asia: AIIB as a catalyst and orchestrator[EB/OL]. [2019-07-08]. https://www.bsg.ox.ac.uk/research/publications/filling-sustainable-infrastructure-gap-asia-aiib-catalyst-and-orchestrator.
④ "一带一路"绿色发展国际联盟. http://greenbr.org.cn/lsfz/lslmgywm/hzhb/.

"一带一路"绿色发展。

（四）鼓励采矿和冶金企业采用国际环境标准、合理处置尾矿并支持当地社区的民生改善

采矿业的环境影响较大，包括破坏生态系统、破坏生物多样性、污染地下水、威胁居民身体健康等。哈等中亚国家因具有丰富的矿产资源，采矿及冶金业较多，易出现污染环境等情况。[①] 鉴于中国在哈具有一定数量的采矿及冶金项目，应避开生态敏感区，遵守哈国家环境法律法规并采用国际环境与安全标准，合理处理尾矿，雇用当地劳工，支持修建当地道路等民生工程，防范环境风险。

（五）注重企业环境相关信息披露，在项目建设的整个环节切实做好与当地政府、社区、非政府组织的磋商交流，并合理借助联合国环境规划署、欧洲经济委员会等国际机构的专业能力

企业披露环境相关信息是履行社会责任的重要部分。在哈的特定环境下，注重环境信息披露、注重与各利益相关方的磋商显得尤为重要，与此同时，合理借助中立且深耕于中亚环境事务的国际组织的专业知识、技能、影响力，有助于在"一带一路"项目建设过程中防范环境风险。

（六）加强绿色"一带一路"宣传、促进民心相通永远在路上

随着"一带一路"项目的推进，其交织的环境、政治、社会议题也经常被提及。建议加强各级、各层面的沟通，依托上合、亚信等多边合作机制，以及绿色丝路使者计划等国际合作项目凝聚绿色"一带一路"共识。

---

① OECD. Mining and green growth in the EECCA region[EB/OL]. 2019. https://www.unece.org/fileadmin/DAM/env/documents/2019/TEIA/20190413_Mining_and_Green_Growth_Final.pdf.

推进中亚"一带一路"项目绿色发展

文/田舫 蓝艳

中亚国家是共建"一带一路"的重要伙伴，自2013年以来，中亚各国积极参与"一带一路"建设并取得了积极成效。瑞士非营利组织ZOÏ环境合作网络[①]（"一带一路"绿色发展国际联盟合作伙伴）近期发布了《促进中亚"一带一路"项目绿色发展报告》[②]（以下简称《报告》），从国际视角分析了"一带一路"在中亚地区的前景、挑战和机遇。

《报告》指出，中国和"一带一路"倡议将对中亚地区产生长期且深远的影响，这种影响能够改变经济社会模式和环境条件。中亚地区面临巨大的环境压力，面临着应对气候变化、水资源短缺和生物多样性保护等突出问题。中亚国家主要参与泛欧集团及相关多边协议，中国在应对气候变化、生物多样性等全球环境问题上的行动，以及污染治理、改善城市空气质量、发展可再生能源和电动汽车等方面的经验，都可以让中亚国家受益。

从中亚国家的角度来看，"一带一路"倡议能否成功，更多地取决于具体项目能否很好地满足环境安全、透明度和社区参与等方面的要求。在交通领域，"一带一路"项目填补了中亚国家的许多空白，为当地提供了便利交通。在采矿和农业领域，中国和中亚国家合作潜力巨大。

结合《报告》研究结论，本文对推动中亚地区海外项目的绿色发展提出以下建议：一是严格遵守项目所在国的环境法律法规和标准，关注中亚国家履行的环境国际公约；二是在中亚高山、冰川等气候变化敏感区，鼓励将气候变化因素纳入项目环境评估；三是降低项目对生物多样性的影响，对生物多样性关键区域进行识别和监管；四是提高项目信息透明度，尊重利益相关方需求及关切；五是充分利用现有合作机制，加强中国与中亚国家的交流与合作。

---

① ZOÏ环境合作网络是瑞士的一家非营利机构，重点开展工作的区域包括中亚、东欧和中东，关注领域包括气候变化、减少灾害风险、生物多样性、水和废物管理等。ZOÏ拥有联合国经济及社会理事会的咨商地位，并获得了《联合国气候变化框架公约》（UNFCCC）、国际移民组织（IOM）和联合国环境大会的认可。
② *Greening the Belt and Road Project in Central Asia. A Visual Synthesis* 由ZOÏ环境合作网络、瑞士联邦环境局、联合国环境规划署（UNEP）共同完成。

一、《报告》主要内容

（一）中亚地区面临的主要环境问题

中亚是古代丝绸之路的必经区域，广阔的草原和沙漠、壮丽的山峰和巨大的冰川是中亚的地貌特征。塔吉克斯坦、吉尔吉斯斯坦由于境内的帕米尔高原和天山山脉，平均海拔达到约 3 000 米，是中亚地区山地最多的国家。中亚遍布着世界文化遗产和旅游景点以及各种不同类型和大小的自然保护区，包括世界自然遗产塔吉克国家公园、西部天山、哈萨克斯坦北部草原。中亚自然资源丰富多样，但受到全球环境变化以及人类活动的威胁，也面临生态系统破碎、物种消失等生态环境问题。

1. 气候变化

过去 80 年，中亚的地表温度上升了 0.3～1.2℃。气候变化导致中亚南部干旱地区降水减少，南部河流正面临着日益严重的水资源短缺问题，而山区降水则有所增加。在塔吉克斯坦和吉尔吉斯斯坦，冰川覆盖的面积比森林还要大，其蕴藏的水资源对农业经济至关重要。自 20 世纪 30 年代至今，天山和帕米尔冰川融化了 15%～30%，给采矿、道路、基础设施以及居民点带来了威胁。在可预见的范围内，中亚地区的平均气温到 21 世纪中叶或世纪末将上升 1～3℃，如果全球温室气体排放得不到缓解，可能还会进一步上升。

2. 水资源

水资源是中亚地缘政治上最敏感的话题。乌兹别克斯坦是中亚地区人口最多、农业用水需求最大的国家，但是乌兹别克斯坦和土库曼斯坦处在下游，90%的水资源来自境外的上游山区，因此极易缺水。塔吉克斯坦和吉尔吉斯斯坦处在上游，其水电项目和水利管理是过去 20 年争议不断的话题。到 2050 年，中亚人口预计将增加 1 800 万人，达到 9 000 万人。中国西部和阿富汗北部的人口可能增长 800 万～1 200 万人。这些人口增长的趋势，加上贸易的发展、能源和粮食生产的增长以及气候变化的影响，将使水资源的可用性、质量和安全受到挑战。

中国和哈萨克斯坦共享伊犁河和额尔齐斯河，这两条河的流量和水质受两个因素的影响：一是经济项目、城市发展和工业生产的用水需求；二是气候变化对水循环的影响以及极端天气情况。开展水资源可持续利用方面的信息交流，将使中哈两国都能够受益。

3. 生物多样性

中亚部分地区是全球生物多样性的热点地区，在天山和帕米尔高原，目前共有约 150 个生物多样性关键区域。此前由于偷猎、过度使用和生态系统的枯竭，中亚地区许多濒危物种数量减少，甚至低于危险水平。经过近年来的不断努力，生态压力逐渐减小，一些动物的种群数量得以恢复，但中亚地区的生态系统仍然脆弱，生物多样性的威胁仍然存在。近年来，随着贸易和全球化的发展，中亚国家对全球和区域农业市场的参与度以及互联互通程度不断提高，这可能会使中亚丰富的农业生物多样性更容易受到外来入侵物种、土地利用变化的影响。

在中亚平原地区，新建铁路和高速公路可能成为物种迁徙的障碍，通过建设立交桥、隧道、涵洞来保护动物廊道已成为一项成熟技术，在"一带一路"项目的设计中应着重考虑。在中亚山区，生物多样性极为丰富，是许多重要物种的家园。"一带一路"项目在经过这些区域时应当格外谨慎。通过采用"生物多样性重要区域识别"这一强有力的分析方法，可以为优先敏感区域的保护提供科学判断。

4．其他环境问题

（1）土地问题。由于中亚农业、种植业和畜牧业的过度发展，土地荒漠化成为许多地区面临的风险，导致土地问题在中亚地区十分敏感。哈萨克斯坦在 2016 年的土地立法修订草案中提出考虑向外国投资者长期出租土地，但在发生了一系列抗议后被搁置。

（2）遗留矿山问题。目前历史遗留的废弃矿山、尾矿、工业和农业危险废物仍是整个中亚，尤其是哈萨克斯坦、吉尔吉斯斯坦和塔吉克斯坦的一个主要环境问题。矿业投资项目需要吸取这些教训，遵循国内和国际环境、健康和安全准则，并结合联合国环境大会 2019 年关于矿产资源治理、可持续基础设施和其他相关决议和政策工具采取对策。

（3）空气污染和水污染问题。工业污染源造成的空气污染和水污染主要发生在一些大城市，包括阿拉木图、比什凯克、杜尚别和乌鲁木齐，道路交通和住宅供暖是目前影响这些城市空气质量的主要因素。

（4）化石能源使用问题。出于能源安全方面的考虑，中亚国家采用了能源多样化的发展思路，其中也包括煤电。

（5）自然灾害。中亚地区的许多人口密集区，特别是山区，面临极端天气、洪水、地震和滑坡的威胁。在塔吉克斯坦和吉尔吉斯斯坦，自然灾害造成的年均经济损失占到国内生产总值（GDP）的 1%，最高甚至占到 GDP 的 5%。随着投资项目向山区和人口密集地区的扩张，需要仔细衡量灾害风险，提出在环境和技术上均可行的解决方案。

（二）"一带一路"项目可采用的环境政策工具

在国家法律层面，中亚国家在清洁水、土地利用、污染物排放、废物管理等方面均有相关法律出台，环境影响评价报告制度是各国的标准程序。在全球和区域环境协定方面，中亚所有国家都是《联合国气候变化框架公约》《生物多样性公约》《联合国防治荒漠化公约》以及许多其他环境国际公约的成员国。此外，银行信贷政策、行业标准和企业社会责任也是环境保护的重要助力。

尽管中亚的环境实践和传统与中国不同，中亚国家大多参与的是泛欧集团和相关的多边协议，而中国参与更多的是亚太经合组织成员国间合作和南南合作，但中国和中亚科学家参与了关键生物多样性区域的联合测绘，并遵循了世界自然保护联盟（IUCN）关于生物多样性关键区域的全球标准，双方朝着共同的方向迈出了关键的一步。

1. 环境国际公约

联合国欧洲经济委员会（UNECE）框架下的一系列公约，对加强各方合作，解决"一带一路"项目的环境关切很有帮助，大部分中亚国家都是这些公约和议定书的成员国。

《在环境问题上获得信息、公众参与决策和诉诸法律的公约》（简称《奥胡斯公约》）促进了环境信息共享和透明度，为"一带一路"项目提供了解决具体问题的工具和经验。

《工业事故跨界影响公约》主要是促进工业项目在规划早期阶段的安全，预防可能产生跨界影响的工业事故。对于采矿业而言，遵循《工业事故跨界影响公约》中尾矿管理的安全准则和良好做法，有助于降低发生尾矿事故的风险。

《关于跨界背景下环境影响评价的埃斯波公约》（简称《埃斯波公约》）为规划阶段就可能产生重大跨国界环境影响的项目提供了咨询机制，《联合国欧洲经济委员会战略环境评价议定书》则进一步强化了《埃斯波公约》，确保各缔约方在最早阶段将环境评估纳入其计划和方案之中。

《长程跨界空气污染公约》对减少排放、评估项目对健康和生态系统的影响等具体措施做出了规定。

《跨界水道和国际湖泊的保护和利用公约》（简称《水公约》）旨在确保可持续地利用跨界水资源。《水公约》多年来一直在中亚地区发挥积极作用，支持了一系列国家和区域的水对话、磋商、水文和水质监测改进、流域委员会和气候变化适应措施。

除泛欧洲的公约和惯例外，中亚还有若干区域合作协定，比如《保护里海环境框架公约》，里海周边国家都加入了该公约。目前该地区正在讨论一项关于中亚环境和可持续发展的框架公约以及新的区域环境行动计划。

2. 环境保护合作机制

中亚地区最高级别的水和环境合作组织是国际拯救咸海基金会，其由各国元首指导，以应对咸海盆地的环境和社会经济挑战。其他重要的合作机制包括联合国 2018 年成立的"咸海地区多合作伙伴人类安全信托基金"和世界银行发起的"中亚气候缓解和适应方案"。

2014 年，中国—上海合作组织环境保护合作中心成立，旨在与中亚各国开展环境领域的密切合作。同年，中国科学院新疆生态与地理研究所成立了中国科学院中亚生态与环境研究中心，并与中亚各地的学术机构签订了合作协议。

联合国欧洲经济委员会、联合国开发计划署以及中亚国家共同创建了中亚地区环境中心（CAREC），总部设在哈萨克斯坦的阿拉木图，并在中亚各国设有办公室。CAREC 负责管理有关水、能源和气候的项目，并与非政府组织、议员、决策者、专家和学生等利益相关方进行沟通。

虽然区域和国家环境机构已经建立，但中亚在环境管理、科学和教育方面的支出不足，尤其是在 GDP 较低的国家，在环境研究和监测方面缺少必要的专家、技术和信息交流。"一带一路"建设将有助于缩小这些差距，第二届"一带一路"国际合作高峰论坛宣布，中国的绿色丝路使者计划将为"一带一路"国家培训环保官员、研究人员、学者和青年专业人才。

（三）"一带一路"项目在中亚的前景和挑战

2018—2019 年的数据显示，在中亚地区与阿塞拜疆共有 100 余个"一带一路"相关项目，这些项目不仅包括铁路、公路，还包括发电厂、炼油厂和矿区等基础设施，以及开展对华贸易的农业区和自由经济区。这些项目集中在人口密集的地区，靠近矿产和能源资源，周围有陆上港口和物流中心。

值得注意的是，并不是所有中国参与的项目都是"一带一路"项目。中国承包商具有竞争力和专业性，能够在多边开发银行或私营部门投资的项目中取得承包权。"一带一路"项目主要集中在交通、采矿、能源等领域，项目设计和建设往往是一体化的，并且使用的技术更加先进，项目的管理、运营和维护更加专业。

（1）在交通领域，"一带一路"建设填补了中亚国家的许多空白。仅仅 20 年前，中亚国家塔吉克斯坦和吉尔吉斯斯坦由于缺乏全年通行的道路和替代路线，几乎被分割成几个孤立的地区。"一带一路"倡议带来的中国技术，使道路和隧道更加安全可靠，能够为当地社区提供全年的交通便利，在某些情况下将通勤时间缩短了一半，这是十分了不起的成就。

（2）在采矿领域，中国尚未广泛参与。哈萨克斯坦在生产和加工方面处于领先地位，乌兹别克斯坦是全球十大黄金生产国，但二者的大部分采矿项目都位于偏远的半沙漠地区，目前中国尚未广泛参与，有广阔的合作潜力。采矿和冶金工业收入占塔吉克斯坦出口收入的 50%以上，吉尔吉斯斯坦的这一数据则是 30%，中国与塔吉克斯坦、吉尔吉斯斯坦在采矿领域的合作相对较多。

（3）在农业领域，中国与中亚合作潜力巨大。中国的饮食偏好正在向更多样化、更健康和更高质量的方向转变，而持续的城镇化和收入的提高也增加了人们对食品的需求。中亚以其高品质的蔬菜、坚果、水果和肉类而闻名。随着中亚农业基础设施的改善和中国对中亚粮食出口市场的开放，双方在农业领域的合作潜力巨大。

但是我们同时也应该注意到，要评估"一带一路"建设对中亚地区环境的影响是一项艰巨的挑战。毕竟在"一带一路"倡议之前，中亚也存在许多的环境问题，比如在贫困、偏远的山区，能源缺乏导致的森林砍伐，为种植作物而过度取水，没有任何环境修复措施的矿山开采等，造成的环境损失和风险也是难以计算的。

那么"一带一路"带来的改变是正向的还是负向的呢？燃煤电厂作为克服能源赤字的短期解决方案，为提高能源安全发挥了重要作用，但是增加了温室气体排放。公路和铁路网扩张减少了通行时间，却可能导致生态系统碎片化。使用现代技术的采矿业创造了大量的收入和就业岗位，但可能在社会和环境尽职调查上出现空白。这也是一个难以计算的问题。

二、推动中亚"一带一路"项目绿色发展的政策建议

随着"一带一路"项目在中亚地区的不断增加，环境监管和社会监督的重要性愈加凸显。"一带一路"项目需要通过提高透明度、实施环境管理、确保利益相关方的参与等，更好地获得当地政府和民众的支持，确保中亚项目的顺利实施。结合《报告》研究结论，为推动中亚"一带一路"项目绿色发展，提出以下建议。

（一）严格遵守项目所在国的环境法律法规和标准，关注中亚国家履行的环境国际公约

所有中亚国家都有环境影响评估、许可证和污染防治等方面的规定。大型的、快速推进的"一带一路"项目更应严格遵守相关规定，这将有助于各国避免被落后的、高污染的技术锁定，并使项目对环境破坏的影响降到最低。中国与中亚国家的环境管理部门及技术机构应加强在制度和管理层面的信息共享和经验交流，确保"一带一路"项目严格遵守中亚国家的环境法律法规和标准。

（二）在中亚的高山、冰川等气候变化敏感区，鼓励将气候变化因素纳入项目环境评估

基础设施投资需要考虑对气候变化的长期影响，尤其是在中亚气候敏感地区，如高山、冰川地带、沿海地区和容易发生自然灾害的地区，"一带一路"倡议应鼓励将气候因素纳入环境评估。基础设施项目应通过提高燃料效率、缩短通行距离和时间等方式，确保不会增加温室气体排放。同时，通过植树造林、基于生态系统的解决方案以及可持续的土地利用等方式，减缓对气候变化的影响。

（三）降低项目对生物多样性的影响，对生物多样性关键区域进行识别和监管

基础设施项目的规划需要考虑对生物多样性的影响，防止基础设施建设及过度开发导致的土地退化和自然生境破碎。对生物多样性关键区域进行识别和监管，同时提高现有保护区和栖息地的连通性。重视中亚山区的遗传资源保护，在边境设置入侵物种和植物病害检疫点，推广生态友好的耕作和土地利用方法。当地政府和项目开发商应加强与受影响的社区和民间自然保护团体的合作。

（四）提高项目信息透明度，尊重利益相关方需求及关切

在项目规划期提前进行信息披露可更容易获得利益相关方及公众的认可，这些公共和私人组织又可以支持或参与"一带一路"项目的绿色发展。鼓励项目规划者和管理人员开辟适当渠道，了解社会对项目的关切和想法。为了降低社会环境风险，中企应确保当地的关切得到尊重。项目管理部门应开展必要的监测和监督，从而确保开采方式符合所在国的标准。

（五）充分利用现有合作机制，加强与中亚国家的交流与合作

"一带一路"项目涉及三个群体：所在国的利益相关方、中国的国有企业、其他私营的合作伙伴。为了确保措施能有效地实施，建议借助中国—上海合作组织环境保护合作中心、"一带一路"绿色发展国际联盟等双（多）边合作平台，开展相关交流和培训，加强三个群体之间的信息交流。

附件：中亚地区"一带一路"项目最佳实践和注意事项

附件

中亚地区"一带一路"项目最佳实践和注意事项

行业	最佳实践	注意事项
公共政策和科学研究	1. 分享科学和监测数据，提高认识和决策水平； 2. 加强公共资源使用和保护之前的协调； 3. 提高文化和教育领域的合作机会； 4. 指定专门机构，在双边层面开展环境评估和标准方面的对接	1. 非政府组织和地方社区的关切和呼声； 2. 环境评估和监管方式存在差异； 3. 履行环境社会责任和国际公约； 4. 避免造成公共资源过度使用和栖息地破碎
采矿业	1. 支持当地道路、学校建设或维护，雇用当地劳动力； 2. 降低废弃物排放，提高废弃物循环利用，促进水、土地和其他自然资源的可持续利用； 3. 提高项目透明度，公布业务报告、收入状况和环境影响； 4. 委托具有公信力的第三方机构开展社会环境影响评估	1. 避免对煤矿和初级汞矿的投资； 2. 避免在生态敏感地区采矿； 3. 为矿区关闭后的生态修复提供资金，确保工业废料的长期安全和稳定； 4. 满足所在国法律规定和国际通行的环境和安全领域的标准
能源和电力	1. 为当地社区提供清洁和可负担的能源； 2. 提高建筑能效和电力传输水平； 3. 支持清洁能源发展，如风能和太阳能，促进技术转移； 4. 在进行炼油厂、管道等危险设施选址时，应遵循行业安全指南	1. 降低电力基础设施对迁徙物种、特有物种、自然河流和水生态系统的影响； 2. 减少温室气体排放； 3. 避免投资煤电项目
交通和电信	1. 提供可负担的电信服务，尤其在偏远地区； 2. 隧道项目要能明显缩短通行时间和降低排放； 3. 提高联络的便捷化水平，从而更快地应对自然灾害；提高在水文气象服务、防灾降灾领域的投资； 4. 发展小型电动车、天然气汽车和电气化铁路； 5. 规划建设物流枢纽，避免交通堵塞，促进生态友好城市建设	1. 在公路和铁路建设过程中，尽量减少对自然景观、保护区和物种迁徙通道的破坏； 2. 对基础设施扩建会产生额外的环境压力要有清醒的认识； 3. 避免过度的机动化； 4. 过路费要合理； 5. 对交通要道和经济走廊要慎重规划

行业	最佳实践	注意事项
粮食与农作物	1. 尊重当地传统和土地权利； 2. 减少土壤侵蚀； 3. 使用合适的放牧方式； 4. 作物多样化； 5. 促进公平贸易和利益分享	1. 避免过度放牧； 2. 限制使用杀虫剂； 3. 在做土地利用长期规划时考虑气候变化的影响； 4. 对转基因作物和非本地作物（特别是苹果和梨）实施管制
贸易和城市建设	1. 借鉴中国在改善城市空气质量、建设公共交通和智慧城市方面的经验； 2. 鼓励绿色采购，推广环境友好型产品； 3. 控制濒危物种和药用植物的非法贸易	1. 扩大水泥生产会导致温室气体排放增加，还会面临产能过剩的风险； 2. 限制易受化学品污染的日用品、玩具的进口和贸易； 3. 最大限度地减少各类污染

设立"一带一路"绿色发展投资平台
助力实现 2030 SDGs 和创新环境履约资金机制[①]

文/张彦著

中国的绿色发展方案遵循"人与自然和谐共生""绿水青山就是金山银山""良好的生态环境是最普惠的民生福祉"等原则，在生态建设、循环经济、低碳智慧城市、绿色消费、应对气候变化和贡献全球可持续发展等领域不断取得新的成就。2020 年 7 月，财政部、生态环境部和上海市共同举行国家绿色发展基金股份有限公司揭牌仪式，由中央财政出资 100 亿元、基金首期总规模 885 亿元的国家绿色发展基金得以设立，这是我国生态环境领域第一只国家级投资基金。有关部门指出，设立国家绿色发展基金，可发挥中央财政投入的杠杆效应、乘数效应，引导资金流向生态环境领域，不仅能为打好污染防治攻坚战提供资金支持，还能创新生态环境领域投融资方式，缓解环保行业融资难的困境。中国在绿色发展之路上的积极举措，不仅有利于促进先进生产力和生产方式的系统性变革，还可为全球绿色发展提供理念引领和行动示范。放眼世界，当今各国面临重大挑战，落实可持续发展议程和履行多边环境公约面临着同样的融资困境。尽管全球在减少极端贫困方面已经取得巨大进展，但日益加剧的不平等和气候变化依旧威胁着人类社会的可持续发展。为应对这些挑战，2015 年 9 月，联合国可持续发展峰会正式通过由193 个成员国共同达成的《变革我们的世界：2030 年可持续发展议程》（以下简称 2030年可持续发展议程），提出 17 个可持续发展目标和 169 项具体目标，这是世界各国为推动全世界共同繁荣所做出的承诺。2030 年可持续发展议程强调资源、环境带来的生存、生活方面的挑战，环境目标几乎直接或间接体现在可持续发展目标（SDGs）所有目标与指标中，涉及生态环境保护的各个方面。但在距离 2030 年可持续发展目标（2030 SDGs）不足3 650 天的时间里，世界各国不可避免地面临两个问题：①为实现可持续发展目标有巨大的资金缺口；②要在全球范围内实现可持续发展目标。然而，世界各国目前没有做到让足够的资本合理地在全球范围内流动以确保全人类实现 2030 年可持续发展目标。在全球范围

[①] 本文曾刊于《经济界》2021 年第 1 期，原文题为"设立'一带一路'绿色发展投资平台 协同推动落实可持续发展目标和创新环境履约资金机制"，收录入本书时有增改。

内实现 2030 年可持续发展目标面临巨大资金缺口，如何充分利用所有可调动的资源，是实现可持续发展目标所面临的主要挑战。

另外，从环境履约形势来看，随着我国综合经济实力的提升，逐渐从发展中国家向发达国家转变，国际社会对我国的多边环境公约履约资金援助正逐年减少。我国的履约资金保障面临着需求量增大、外来援助减少、发展中国家对中国给予援助捐资诉求增加、发达国家拖欠联合国会费以及削减对联合国公约资金支持等多重压力，我国自身开展环境履约工作也亟须扩大履约资金来源、改革履约资金管理体制、提高资金利用质量以增强资金获取的可持续性。因此，应积极谋划创新履约资金机制，拓展混合融资模式，撬动私营部门资金，从而使得社会资本的注入可以有效地刺激市场，填补国有资本投资和国际贷款、赠款等融资途径以外的资金缺口。

"一带一路"建设能够创造新的贸易和投资机会并促进经济发展，因此可成为调动和整合资源的有效平台。"一带一路"倡议和可持续发展目标协同增效，将经济成果和人类发展相结合。"一带一路"倡议庞大的投资规模和资金流可转化成为促进实现可持续发展目标所需的资金，成为落实 2030 年可持续发展目标的"加速器"。

创立有助于生态环保的、与实现 2030 年可持续发展目标相关的基金框架，有效聚集社会资本作为基金的资本来源，以私有资本"影响力投资"（impact investment）作为绿色"一带一路"建设和实现沿线国家 2030 年可持续发展目标的"加速器"，构建多元化的投资主体结构，并以私有资本投融资助力环境履约，作为"一带一路"倡议中的生态环保新布局。

建议在南南合作框架下［如可与南南合作金融中心（FCSSC）建立合作机制］设立一只由我国主导，开放、包容的"一带一路"绿色发展加速基金作为独立的资金池子，向我国和"一带一路"沿线国家私有资本广泛募集"影响力投资"资金作为"一带一路"绿色发展加速基金池子中的资本来源，用社会资本和私有资本来盘活针对"一带一路"国家环境方面的 2030 年可持续发展目标项目的投资，并协同助力相关国家的环境履约进程。

应借鉴国际上现有的一些可持续发展投资基金的特点和优势，在设计上加以创新：一是该基金应优先投资"一带一路"国家的生态环保政府和社会资本合作（PPP）项目；二是可在"一带一路"绿色发展加速基金下设计特定的生态环保倡议；三是开放国际申请，但申请机制上明确项目申请方需找一个中国的联合申请方，从而带动中国企业"走出去"；四是可对接国际组织平台并选择优先投资领域。

此外，创建"一带一路"绿色发展加速基金还可为"一带一路"绿色发展国际联盟（以下简称联盟）提供支持。目前，已有数十个国家的百余家机构确定成为联盟的合作伙伴。这些已经确立的联盟合作伙伴中已经有一些中国和"一带一路"沿线国家的企业，它们可被邀请作为"一带一路"绿色发展加速基金的首批伙伴关系融资方；既可以通过这些已有的合作伙伴来启动"一带一路"绿色发展加速基金，又可以用该基金丰富

"一带一路"绿色发展国际联盟下的活动内容，调动企业的投资积极性并以此促进"一带一路"相关国家落实 2030 年可持续发展议程，彰显"一带一路"绿色发展国际联盟推动2030 年可持续发展目标的意义和影响力。

一、全球实现 2030 年可持续发展目标的巨大资金缺口与"基于 SDGs 目标的投资伙伴关系"之需要

（一）全球实现 2030 年可持续发展目标面临的巨大资金缺口

当今世界面临社会、经济、环境等多领域的重大挑战，2030 年可持续发展议程是世界各国为推动全世界共同繁荣所做出的承诺，需要世界各国及社会各界的广泛参与。

世界银行估计世界总产值和全球金融资产总额分别超过 80 万亿美元和 200 万亿美元。然而，全球可用资金尚未以实现可持续发展目标和《巴黎协定》目标所需的规模和速度用于可持续发展。发展中国家实现可持续发展目标的资金缺口估计为每年 2.5 万亿～3 万亿美元。同时，2017 年全球外国直接投资（FDI）流量下降了 23%，2018 年发展中国家对与可持续发展目标相关的基础设施的私人投资低于 2012 年。此外，有研究指出自2015 年《巴黎协定》以来，金融业对燃煤电厂投资超过 4 780 亿美元，燃煤发电量增长了 9.2 万兆瓦，另有 67 万兆瓦正在建设中。从总体上看，一方面全球范围实现 2030 年可持续发展目标面临巨大资金缺口，另一方面全球资金中仍有较大部分流入非绿色行业。

但与此同时，我们也应该看到世界各国对可持续发展目标的投资呈上升趋势并且潜力巨大。某些国家和地区对可持续发展的投资正在增加，而研究表明对 2030 SDGs 的投资具有经济意义：据估计，实现可持续发展目标可在全球打开 12 万亿美元的市场机会，并创造 3.8 亿个新就业岗位，以及使得 2030 年前应对气候变化的行动可节省约 26 万亿美元。可持续发展目标已逐渐被纳入公共预算和发展合作中，许多国家已将"绿色化"纳入金融体系。绿色债券的发行也大幅增加，从 2012 年的 26 亿美元增加到 2018 年的 1 676亿美元；与可持续发展目标有关的创新金融工具正在释放新的资金来源，金融数字化正展示出改善可持续发展目标资金筹集和利用的巨大潜力。金融业监管机构也逐渐认识到与气候相关的风险对稳定金融的潜在影响。据报道，全球可持续投资（2018 年在欧洲、美国、日本、加拿大、澳大利亚五个主要发达市场中为 30.7 万亿美元）正在上升，这凸显了金融行业对长期可持续投资的价值日益认可，以及在投资决策中考虑气候相关风险的重要性。[①] 但是，可持续投资仅占全球私营部门金融资产（200 万亿美元）的一小部分。

---

① 主要市场指的是欧洲、美国、日本、加拿大、澳大利亚/新西兰。值得注意的是，与环境、社会和治理（ESG）相关的投资组合主要涉及所有权转移，而不是对实体经济的直接投资。

由于缺乏统一的定义、标准和衡量指标，以及通常所报道的可持续投资不完全代表实际资产以及金融资产，这些都意味着私营部门对于可持续投资的统筹与了解不足。此外，绿色债券发行量即使强劲增长也仅约占全球已发行债券总数的 2.5%。就环境治理中的气候变化问题而言，应对气候变化每年千亿美元的资金主要有多边公共财政、政府资金和私有资金三类来源。多边公共财政包含多边开发银行（MDB）的贷款资金，如世界银行、亚洲开发银行、欧洲投资银行、非洲开发银行、欧洲复兴开发银行和美洲开发银行，共计划每年提供 550 亿美元的贷款额度。这类银行的股东由多个主权国家组成，其中美国占世界银行 16% 的股份，占亚洲开发银行 15.51% 的股份，占非洲开发银行 6.56% 的股份，占欧洲复兴开发银行 10.10% 的股份，占美洲开发银行 30% 的股份，因此美国退出《巴黎协定》则会影响其中至少 54 亿美元的多边财政资金。政府资金方面，法国、德国、英国和日本是当前承诺拨款最多的国家，四国共计划每年提供 151 亿美元的资金。根据经济合作与发展组织（OECD）的预估，应对气候变化每年千亿美元资金中私有资金将占约 332 亿美元，由公司和个人提供，但尚无对于私有资金的官方明确定义。美国退出《巴黎协定》，在海外清洁能源投资、低碳技术研发与推广等方面的政策投资则会发生变化，可能通过国际市场影响全球的低碳投资，私人投资绿色和可持续发展项目的信心将受到较大影响。有分析认为，2020 年后发达国家每年提供千亿美元资金的可能性非常小，这在很大程度上取决于私营部门能提供多少资金。

（二）"基于 SDGs 目标的投资伙伴关系"作为一种混合融资模式

全球实现 2030 年可持续发展目标需要有效的援助和新型发展合作模式。建立新型全球发展伙伴关系是 2030 年可持续发展目标在千年发展目标（MDGs）之上的重要发展与升级，并从千年发展目标单纯聚焦减贫问题拓展到经济、环境、社会三个维度的可持续发展。2030 年可持续发展议程在制定过程中就非常重视发展中国家、国际组织、私营部门、公民社会、智库及个人等多元共治的伙伴关系，并将"恢复可持续发展全球伙伴关系的活力"作为关键抓手。学者郑宇指出，当前国际援助体系显示出资源不足、机制扭曲和碎片化三个主要缺陷，并提出了新型发展合作模式的构想。其构想的主要内容包括："第一，在定义上用更包容的发展合作融资概念代替官方发展援助概念，强调多源性、互惠性、自主性；第二，在理念上明确发展途径的多样性和发展目标的差异化；第三，在实施上利用援助、贸易、投资'三驾马车'，帮助欠发达国家实现开放式的工业化，进一步融入全球价值链。"这一新型发展合作模式的构想符合联合国 2030 年可持续发展议程中的"多方利益相关者伙伴关系是实现 2030 年可持续发展目标的基本工具"思想。学者曹嘉涵从构建新型全球发展伙伴关系的视角分析了"一带一路"倡议与 2030 年可持续发展议程对接的意义，并从战略理念、合作政策、落实平台和具体目标等层次提出了对接路径。2030

年可持续发展议程将多方利益相关者伙伴关系（Multi-Stakeholder Partnerships，MSP）定义为实现 2030 年可持续发展目标的一个基本工具——国家和非国家主体之间的伙伴关系被认为是实现可持续发展目标的有效创新工具。事实上，2030 年可持续发展目标中的子目标对多方利益相关者伙伴关系也有较为详细的定义，如目标 17.16（SDG17.16）指出多方利益相关者伙伴关系应作为"全球伙伴关系"的补充，并应"调动和分享知识、专长技术和财政资源，以支持所有国家，特别是发展中国家实现可持续发展目标"。因此，MSP 旨在动员和汇集不同行为主体所拥有的各种资源（知识、资金、技术、决策权力等）。目标 17.17（SDG17.17）则呼吁更多地"借鉴伙伴关系的经验和筹资战略，鼓励和推动建立有效的公共、公私和民间社会伙伴关系"。2015 年联合国成员国通过的《亚的斯亚贝巴行动议程》（*The Addis Ababa Action Agenda*，AAAA）将 MSP 列为除国家税收、公共贷款和公共发展基金外可为 2030 可持续发展目标筹集资金的一种混合融资模式的资金来源，指出全球防治艾滋病、结核病和疟疾的相关基金等取得了相当大的成功，展现了混合融资模式的巨大潜力，并建议建设"基于 2030 SDGs 的投资伙伴关系"。

（三）"一带一路"为全球实现 2030 年可持续发展目标注入资本

中国政府于 2015 年提出了"创新、协调、绿色、开放、共享"五大发展理念，于 2016 年制定发布了《中国落实 2030 年可持续发展议程国别方案》，明确提出全面推进落实 2030 年可持续发展议程的任务要求。根据五大发展理念和生态文明思想，中国正在积极推动各领域可持续发展目标的实现。以中国为代表的新兴经济体在扩大全球贡献、承担国际责任中发挥着越来越重要的作用。

自"一带一路"倡议提出后，中国一直是"一带一路"基础设施投资的主要资金提供方。这些资金既有国家政策性、开发性银行的优惠贷款，也有商业银行的贷款；既有国家主权财富基金的投入，也有专门成立的丝路基金的融资。近几年，中国与"一带一路"沿线国家的贸易额占整个对外贸易的比例不断上升，质量也在逐渐提升，双向投资不断深化。截至 2018 年 9 月，国家开发银行在"一带一路"沿线国家累计发放贷款 1 800 多亿美元，余额 1 100 多亿美元，占全行国际业务的 35%，重点支持了基础设施的互联互通、产能合作、能源资源、民生领域。强有力的伙伴关系和能力建设是成功落实"一带一路"倡议和可持续发展目标的关键。

到目前为止，中国的政策性银行和主要国有商业银行承担着为"一带一路"倡议提供资金支持的主要任务。绿色金融已经得到国际社会的高度关注，中国金融机构已经在"一带一路"参与国家内率先投入了 4 400 亿美元的资金。与此同时，中国也决心将环境、社会和治理（ESG）实践提升至前所未有的高度。但"一带一路"建设不能只靠政策性资本，还要引导私营部门的投资，不能只靠中方投资，还需吸纳外国政府和私营部门的投资者参与其中。发展中国家要落实2030年可持续发展目标，仅靠发达国家提供官方援助远不能满足庞大的资金需求，需要国际社会共同创新伙伴关系，拓宽资金来源，吸引社会民间资本参与，提高资金使用效率。

根据商务部2019年的数据，中国企业对沿线国家的投资累计已超过1 000亿美元，沿线国家对中国的投资也达到480亿美元。2019年1—6月，中国企业在"一带一路"沿线对51个国家非金融类直接投资68亿美元，占同期总投资额的12.6%，主要投向新加坡、越南、老挝、阿联酋、巴基斯坦、马来西亚、印度尼西亚、泰国和柬埔寨等国。中国在沿线国家稳步推进中马友谊大桥、亚吉铁路、瓜达尔港等一大批重大项目落地，建设了一批境外经贸合作区，累计投资300多亿美元，为当地创造30多万个就业岗位，对沿线国家多领域实现2030年可持续发展目标有重要的促进作用。

（四）民间资本参与"一带一路"关乎到"一带一路"的成败

学者周晓晶认为，民间资本能否广泛参与"一带一路"，关乎到"一带一路"的成败。"一带一路"沿线国家实现2030年可持续发展目标需积极构建现代经济体系，首先实现工业化并建立与之相适应的现代服务体系。中国过去30多年的经济腾飞证明，离开基础设施建设、现代制造业，以及相配套的现代服务业，"一带一路"沿线的大多数发展程度相对较低的国家就难以实现经济腾飞与可持续发展。民间资本能否广泛参与"一带一路"进程往往取决于这种参与能否为民间资本带来合理的预期回报。但当前，国内外私有资本在参与共建"一带一路"的深度与广度上都仍有较大的提升空间，其壁垒在于"一带一路"沿线大多数国家当前所处的经济发展阶段难以为民间资本在短期内带来较高的投资回报。沿线发展中国家资本匮乏、基础设施落后、法规体系不完善等因素往往限制了外来私有资本的投资，进一步制约了其经济发展，从而形成恶性循环。对于这些国家而言，一方面，有必要利用国际赠款和贷款机制加快基础设施建设和制度能力建设，为吸引外来投资创造有利的环境；另一方面，有必要将外来投资与本国落实可持续发展目标深入对接，明确地体现投资项目对于推动各项2030年可持续发展目标进程的作用，以彰显私有资本的"影响力投资"属性。

二、推动落实2030年可持续发展目标的基金案例

实现可持续发展目标需要大量的资金，联合国称全球每年需要5万亿～7万亿美元来实现可持续发展目标，但官方发展援助的投资只占了所有国家要实现可持续发展目标所需资金的2%～5%，撬动私有资本对可持续发展目标进行投资刻不容缓。本节梳理了以下四种类型的可持续发展目标投资基金（表1），并分别举出案例，分析其基金值得

借鉴的特点和优势。

表 1　促进实现 2030 年可持续发展目标的基金案例

类型	案例
发达国家设立的 2030 SDGs 投资基金	丹麦可持续发展目标投资基金（Danish SDGs Investment Fund）
联合国机构设立的 2030 SDGs 投资基金	联合国工业发展组织可持续发展目标加速基金（Sustainable Development Goals-Accelerator Fund）
区域国际机构设立的 2030 SDGs 投资基金	欧盟 Switch-Asia 资金项目
中国机构倡议的 2030 SDGs 投资基金	绿色可持续技术投资基金

（一）发达国家成立的可持续发展目标投资基金：丹麦可持续发展目标投资基金案例

丹麦外交部网站 2018 年 6 月发布消息称丹麦 PKA 养老基金管理公司、丹麦养老基金、PFA 养老保险公司、丹麦 ATP 劳动力市场补充养老基金、丹麦 JØP/DIP 养老基金和 PenSam 养老基金 6 家公司与丹麦发展中国家投资基金（IFU）签署协议，共同成立丹麦可持续发展目标投资基金（Danish SDGs Investment Fund），用于帮助发展中国家实现 2030 年可持续发展目标，同时促进丹麦技术和解决方案出口。

该基金采用 PPP 模式、按照商业条款运作，对非洲、亚洲、拉丁美洲、欧洲部分地区等的公司进行股权投资，投资项目必须与丹麦公司合作。目前基金资本规模为 41 亿丹麦克朗（约合 6.5 亿美元），其中 6 家养老基金出资 24 亿丹麦克朗，IFU 和丹麦政府出资 16.5 亿丹麦克朗，一个私营投资方出资 8 000 万丹麦克朗。

（二）联合国机构成立的可持续发展目标投资基金：联合国工业发展组织（UNIDO）可持续发展目标加速基金案例

2019 年 4 月，联合国工业发展组织（UNIDO）启动了可持续发展目标加速基金，这是一只以募集全球私有投资为资金池子并且池子中的资金导向能够促进可持续发展目标的中小企业（SME）的基金，重点在于支持中小企业参与 SDGs 相关项目。UNIDO 首先以"循环经济倡议"（circular economy initiative）向全世界发出"影响力投资经理人服务"（impact investment broker service）伙伴关系的招募，旨在促进全球中小企业对循环经济项目的投资，推动"包容的可持续的工业发展"（inclusive and sustainable industrial development），有机地将环境保护和工业发展结合在一起，并使多个 2030 年可持续发展目标协同推进。

UNIDO 认为，循环经济是创造价值、繁荣和生产力的新方式，几乎所有的可持续发展目标都预示着一种将循环经济思想融入全球价值链上所有工业发展的潜能，这些价值链上不乏很多发达国家、发展中国家和转型经济体的中小型企业制造商。中小企业代表着"包容的可持续的工业发展"引擎，其灵活的商业模式比大型企业更能适应市场波动和全球环境变化。中小企业的就业创造能力凸显了"包容性"，并彰显了通过动员基层创新以促进工业绿色化。

为了建立新的融资机制以扩大循环经济对实现可持续发展目标的影响，UNIDO 正在发挥私营融资机构（private financers）和志同道合的发展伙伴（like-minded development partners）之间的相互协同与合作，以扩大中小企业的发展。循环经济可以包含与诸多可持续发展目标相关的活动。UNIDO 将在可持续发展目标加速基金的范围内，密切监测基金对相关可持续发展目标（目标 3、目标 5、目标 6、目标 8、目标 9、目标 11、目标 12、目标 13）的影响。

UNIDO 表示其在环境领域的服务加强了具有市场竞争力的中小企业对循环经济项目的投资能力，具体表现形式是将这些循环经济投资与可持续发展目标进行精准对标（使这些投资项目贴上"为相关 SDGs 加速"的标签）。正因如此，有必要通过评估其在循环经济方面的影响来验证拟议的中小企业投资是否确实有助于促进实现 2030 SDGs。UNIDO 认为其对于有项目的中小企业和对于社会资本及私营部门投资者来说，都提供了一个绝佳的机会，UNIDO 在这方面的专业服务可以消除中小企业面临的金融市场障碍及资金缺口。UNIDO 宣称这个新创立的可持续发展目标加速基金为中小企业提供了一个资金助力，以释放中小企业巨大的创新潜能，并确保高通量的、可见和可测量的可持续发展目标影响力。

UNIDO 认为，该项目的最终受益者是有能力进行市场投资的中小企业，通过关注中小企业并促进他们获得重要的私有投资资金，在循环经济的框架下拓展业务和增加就业可以创造更广泛的社会价值。UNIDO 表示还将努力创建一只辅助的中小企业赠款基金（SME Grant Facility）来与可持续发展目标加速基金形成呼应，以形成一个混合的融资机制。

（三）区域国际机构成立的可持续发展目标投资基金：欧盟 Switch-Asia 项目案例

Switch-Asia 项目通过加强对欧亚与中亚之间的了解及合作，促进亚洲的可持续生产（开发污染较少和资源效率较高的产品、工艺和服务）和可持续消费模式，特别是通过支持中小微企业（MSMEs）采用可持续消费与生产（Sustainable Consumption and Production，SCP）实践来获得融资，以及动员私营部门、金融中介机构、零售商、生产商和消费者组织以及相关的公共部门当局推广可持续生产与消费实践，并拓宽用于投资相关项目的中小微型企业的融资渠道。

Switch-Asia 项目主要为赠款项目,其主要包含三个战略部分。第一部分:区域政策倡导部分(RPAC),旨在根据通过该计划资助的项目取得的成果,影响国家和区域政策框架。第二部分:可持续消费和生产基金(SCP Facility),旨在促进三个组成部分和项目受赠方之间的信息共享。它对受资助项目的产出进行分析,以便与国家政府讨论 SCP。第三部分:提供的资金旨在支持试点项目,以探索亚洲和中亚可持续消费和生产的新方法、新路径。

尽管其主要资金以赠款形式面向亚洲国家开放申请,但该赠款为欧洲的私营部门提供了"牵线"的机会,这是因为 Switch-Asia 资金对申请者的要求是:项目必须由一个主申请方(main applicant,来自亚洲、中亚国家的组织)和一个联合申请方(co-applicant,其中必须包括在欧洲的国际组织或欧盟成员国内的机构)共同申请。这种"必须找一个位于欧洲的联合申请方"的要求为欧洲的私营部门参与到 Switch-Asia 项目中来并推动亚洲国家落实可持续发展目标提供了客观上的窗口和渠道。因此,虽然 Switch-Asia 严格意义上是一个赠款项目,但其具体的申请要求为欧洲的私有资本对外进行促进可持续发展目标的"影响力投资"创造了条件。

(四)中国机构倡议的可持续发展目标投资基金:绿色可持续技术投资基金

2019 年 3 月,由摩纳哥亲王阿尔贝二世基金会和英国投资银行 Innovator Capital 发起的 2019 摩纳哥全球清洁能源论坛在摩纳哥隆重举行。共有来自 30 个国家的 200 名代表参会,其中包括中国企业在内的 26 家技术研发企业,代表着可持续发展领域最前沿的技术。大会强调全球清洁论坛是一项计划,一个为世界各国科学家、投资者、政策制定者和媒体设立的平台,在多边主义遭遇各种不协调因素干扰的时代,期望通过这个平台促进并加强全球伙伴关系,加强政府、社会和私营部门之间的合作。

中国投资协会正在与国投、国科控股、中节能、北控、首创、正泰、启迪等大型企业以及地方政府筹建绿色可持续技术投资基金,筹建资金、技术、风险、人才等平台,强化科技创新的转移和共享,计划在未来 3～5 年内以不低于 100 亿元人民币,分期参与投资全球可持续技术项目。目前,中国正在建立健全绿色低碳循环发展的经济体系、产业体系和金融体系,建设绿色金融产业园、绿色金融小镇和绿色科技金融中心,通过绿色可持续技术投资基金的投资项目,加快可持续科技国际的转移、转让,有助于促进"一带一路"沿线国家落实 2030 年可持续发展目标。

三、政策建议：借鉴国际上已有的可持续发展投资基金的特点和优势创建"一带一路"绿色发展加速基金

国内学者对"一带一路"倡议与联合国可持续发展议程对接已从宏观层面建言献策。薛澜等认为"'一带一路'倡议为沿线各国和亚洲大陆实现共同繁荣发展提供了历史机遇。将'一带一路'倡议的实施纳入联合国可持续发展目标的框架下，可以兼顾各个国家的不同利益需求和关切点，在政策层面上与可持续发展目标实现对接，并根据沿线国家的不同需求将有关项目融入各国政府的国家与地方发展议程；而坚持在联合国可持续发展目标的框架下推进'一带一路'建设，将会避免发展中国家重走以生态环境破坏为代价换取经济增长的老路，处理好经济发展与生态环境保护的关系"。朱磊等从理念、领域和机制三个方面提出了"一带一路"与2030年可持续发展议程对接的实现路径，以提升参与全球治理的能力、增加优质公共物品供给、促进全球可持续发展进程以及助力"一带一路"沿线发展中国家落实可持续发展目标。周国梅等从生态环境领域论述了明确目标、抓住重点，推动"一带一路"绿色发展，打造人类绿色命运共同体实践平台，促进绿色"一带一路"建设与落实可持续发展议程协同增效。

因此，创立有助于生态环保相关2030年可持续发展目标的基金框架，有效汇集社会资本作为基金的资本来源，将私有资本"影响力投资"作为绿色"一带一路"和实现沿线国家可持续发展目标的"加速器"，可作为"走出去"战略中的生态环保新布局。

2030年可持续发展目标中，有近1/3的目标都和环境有关，如气候变化、能源、可持续消费以及陆地生物和水下生物（具体为目标6、目标7、目标13、目标14、目标15），同时还兼顾经济和社会，如就业和脱贫等方面的目标（表2）。因此，为推进全球可持续发展特别是"一带一路"国家与环境相关的可持续发展目标的落实，保障这些环境相关可持续发展目标的配套资金规模则显得尤为重要。在南南合作和三方合作范畴下，设计一种融资机制，把私有资本"影响力投资"作为共建绿色"一带一路"和实现沿线国家可持续发展目标并促进环境履约的"加速器"是一个值得探索的新途径。

表2 与生态环境保护相关的2030年可持续发展目标

目标6	为所有人提供水和环境卫生并对其进行可持续管理
目标7	确保人人获得负担得起的、可靠和可持续的现代能源
目标13	采取紧急行动应对气候变化及其影响
目标14	保护和可持续利用海洋和海洋资源以促进可持续发展
目标15	保护、恢复和促进可持续利用陆地生态系统，可持续管理森林，防治荒漠化，制止和扭转土地退化，遏制生物多样性的丧失

具体提出的政策措施建议是在南南合作及三方合作框架下单独设立一种以我国为主导的、开放的、包容的"一带一路"绿色发展加速基金作为独立的资金池子，向我国和"一带一路"沿线国家私有资本募集投资资金作为"一带一路"绿色发展加速基金池子中的资本来源，用民间私有资本来补充和强化针对"一带一路"国家与环保相关的可持续发展目标推进项目的投资。

这项只针对与环境相关的可持续发展目标（即目标 6、目标 7、目标 13、目标 14、目标 15）的"一带一路"绿色发展加速基金可作为生态环境领域对外合作与交流工作中的重要资金平台，既可以募集我国的私有资本为"一带一路"沿线的发展中国家实现环境相关可持续发展目标提供低风险的民间资本投资，从而协助我国企业"走出去"，也可以募集"一带一路"沿线国家（甚至是部分发达国家）的私有资本并引导其反向投资我国国内的生态环保项目（作为我国自身实现环保相关可持续发展目标和环境履约项目资金的一种补充），该基金的建立对推动生态环保相关可持续发展目标和促进多边环境履约工作起着重要作用。

在南南合作框架下创立该"一带一路"绿色发展加速基金，可借鉴国际上现有的"基金模式"的特点和优势：

一是该基金优先投资"一带一路"国家的生态环保 PPP 项目，以资金池子中的私有资金（特别是我国的私有资本注入的资金）撬动"一带一路"国家 PPP 项目中的所在国政府资本和私有资本的投入，这样不仅降低了"一带一路"绿色发展加速基金的投资风险，也与所投资国的企业建立了合作（借鉴 Danish SDGs Investment Fund 的特点和优势）。

二是在"一带一路"绿色发展加速基金下设计特定的生态环保倡议，如"绿色供应链合作倡议""生态工业园倡议""生物多样性保护倡议""基于自然的解决方案倡议""气候智慧型绿色矿业资源合作倡议"等（效仿 UNIDO SDG Accelerator Fund 首推的"循环经济倡议"），先建立起"一带一路"国家共同推进某种生态环保倡议的共识（类似于 UNIDO 推动的"包容的可持续的工业发展"），并将这些倡议与生态环保可持续发展目标深入对接，而后用"一带一路"绿色发展加速基金为这些倡议注入资本，使得在基金池子中的我国私有资本以某种倡议（如"基于自然的解决方案倡议"）合作伙伴的身份参与进来。这些倡议的明确使得私有资本投资方更加明确他们在私有资本生态环境"影响力投资"的过程中能够做什么、如何参与等（借鉴联合国工业发展组织可持续发展目标加速基金的特点和优势）。

三是将"一带一路"绿色发展加速基金放在南南合作框架下，该基金应该是开放的、包容的、绿色的。但在南南合作框架下，该基金仍保留以中国为主导的特色。基金应设立秘书处展开日常业务工作，向我国全社会募集私有投资资本。"一带一路"绿色发展加速基金应设立面向"一带一路"国家的开放申请机制，由基金秘书处进行项目申请审核

（借鉴"全球环境基金"等项目申请审核机制），可考虑做这样的设计："一带一路"国家直接向"一带一路"绿色发展加速基金提出融资申请，需寻找一个中国的联合申请方（即co-applicant，必须是中方的"环境友好的"的机构或私有投资资本）；发达国家在"一带一路"国家的生态环保项目，也可以通过"一带一路"绿色发展加速基金进行融资，但需要同时寻找两个联合申请方：一个所投资国（"一带一路"发展中国家）的联合申请方，一个中国的联合申请方，形成三方合作，既不脱离南南合作范畴，也有助于我国企业参与多边合作并推动技术交流（借鉴欧盟Switch-Asia资金项目案例的特点和优势）。

四是对接国际组织平台，选择优先领域，使"一带一路"绿色发展加速基金在国际平台（如"一带一路"国际合作高峰论坛、"一带一路"绿色发展国际联盟、全球清洁能源论坛等）得到宣传，抓住国际环保技术前沿趋势（如大数据环保技术、页岩气开发、新能源汽车、新材料、低碳产业技术等）和私有资本投资者对市场效益和利润的要求与期待，保障"一带一路"绿色发展加速基金投资项目是可行的、可持续的。

四、"一带一路"绿色发展加速基金机制对推动2030年可持续发展目标的实现和环境履约资金机制双轨制的意义

（一）"一带一路"绿色发展加速基金可为"一带一路"绿色发展国际联盟提供支持

在南南合作框架下创建"一带一路"绿色发展加速基金，还可为"一带一路"绿色发展国际联盟提供支持。2017年5月，中国国家主席习近平在"一带一路"国际合作高峰论坛开幕式演讲中倡议建立联盟。联盟定位为一个开放、包容、自愿的国际合作网络，旨在推动将绿色发展理念融入"一带一路"建设，进一步凝聚国际共识，促进"一带一路"参与国家落实联合国2030年可持续发展议程。2019年4月底，联盟在京正式启动。这些已经确立的联盟合作伙伴中已经有一些中国和"一带一路"沿线国家的企业，它们可以被邀请作为"一带一路"绿色发展加速基金的首批投资方，如此，中国既可以通过这些已有的合作伙伴启动"一带一路"绿色发展加速基金，又可以用"一带一路"绿色发展加速基金丰富联盟下的活动内容，调动企业的投资积极性并以此促进"一带一路"参与国家落实联合国2030年可持续发展议程，彰显联盟推动2030年可持续发展目标的意义和影响力。同时，联盟中已有的相关国家的政府部门、国际组织、智库等伙伴关系，则可为"一带一路"绿色发展加速基金的投资领域、生态环保倡议（如UNIDO的"循环经济倡议"）和投资项目提供建议和咨询，使得"一带一路"绿色发展加速基金能够又好又快地加速推进与生态环保相关的可持续发展目标的落实，也使得我国的私营部门能够

加速"走出去"进程。

（二）"一带一路"绿色发展加速基金对推动多边环境公约履约融资机制双轨制有积极意义

根据中国政府公开数据统计，自 2013 年"一带一路"倡议提出以来，中国对外援助金额超过了 2013 年之前的 10 年之和。中国已经成为世界第四大对外援助国。根据联合国最新的会费分摊预算，中国在 2019 年超越日本，成为联合国第二大会费分摊国。但与此同时，据联合国消息，联合国秘书长古特雷斯 2019 年在联合国大会分管行政和预算的第五委员会会议上曾指出"84%的国家都未按时缴费，193 个会员国拖欠的会费达 4.92 亿美元"。因此，应在国际上积极拓宽或维持已有的资金渠道、发展可用于环境履约的新型赠款及资金来源，同时积极探索建立国际与国内双轨并行的融资机制，将国际赠款基金、国际投资资金、企业环境基金、公益或慈善资金及其他渠道自筹资金相结合，扩大履约资金来源，保障履约资金供给。

因此，"一带一路"绿色发展加速基金可成为一个灵活的、有效的投融资平台，既可以吸纳政策性投资资本，又可以接收私有资本的生态环境"影响力投资"资金，整合国际投资资金、企业环境基金、公益或慈善资金及其他渠道自筹资金等资源，成为除国际赠款基金模式以外，推动多边环境公约履约的另一种融资可能。这不仅可使我国在当前国际援助日益减少的背景下，实现多边环境公约履约融资机制双轨制，同时"一带一路"绿色发展加速基金对"一带一路"相关国家生态环保项目的投资，还可以助力相关国家协同推进 2030 SDGs 的实现与履行其各自的多边环境公约义务。这将充分体现绿色"一带一路"建设与联合国在生态环境领域的发展目标和国际共识上的高度一致性。

参考文献

[1] 解振华，潘家华. 中国的绿色发展之路[M]. 北京：外文出版社，2018.

[2] 国家绿色发展基金解决什么问题？权威解读来了[N/OL]. 第一财经，[2020-07-21]. https://www.yicai.com/news/100706908.html.

[3] 徐海红. 绿色发展的中国方案：从理念到行动[J]. 齐鲁学刊，2019（5）：71-79.

[4] 陈迪宇，俞海. 中国强化环境履约资金机制的未来途径 [J]. 环境与可持续发展，2010（5）：1-3.

[5] World Bank Databank. Gross Domestic Product [R]. 2017.

[6] Allianz Global Wealth Report [R/OL]. 2018. https://www.allianz.com/en/economic_research/publications/specials_fmo/agwr18e.html/.

[7] UNCTAD. World Investment Report [R]. 2014.

[8]　UNCTAD. World Investment Report [R]. 2018.

[9]　Inter-agency Task Force on Financing for Development. Financing for Sustainable Development Report [R]. 2019.

[10]　New Research Reveals the Banks and Investors Financing the Expansion of the Global Coal Plant Fleet [N/OL]. [2018-12-05]. https://urgewald.org/medien/new-research-reveals-banks-and-investors-financing-expansion-global-coal-plant-fleet.

[11]　Business and Sustainable Development Commission. Better Business Better World，2017//Report of the Global Commission on the Economy and Climate [R]. 2018.

[12]　Climate Bond Initiative. Green bonds. The State of the Market [R]. 2018.

[13]　Global Sustainable Investment Alliance. Global Sustainable Investment Review[R]. 2018.

[14]　World Bank. The landscape of institutional investing in 2018[R]. 2018.

[15]　Global green bond issuance reached $ 47.2 billion[EB/OL]. https://www.reuters.com/article/ greenbonds-issuance-idUSL5N22L3S3.

[16]　顾城天，王进.《巴黎协定》困在钱上[J]. 中国能源，2017（8）：59-61.

[17]　曹嘉涵. "一带一路"倡议与2030年可持续发展议程的对接[J]. 国际展望，2016（3）：37-53.

[18]　郑宇. 援助有效性与新型发展合作模式构想[J]. 世界经济与政治，2017（8）：135-155.

[19]　陈芳. "一带一路"与绿色领导力[J]. 中国投资（中英文），2019（19）：26-29.

[20]　徐奇渊，孙靓莹. 联合国发展议程演进与中国的参与[J]. 世界经济与政治，2015（4）：43-66.

[21]　新华社. 中国企业对"一带一路"沿线国家投资累计超 1000 亿美元[N/OL]. [2019-09-30]. http://www.gov.cn/xinwen/ 2019-09/30/content_5435149.htm.

[22]　周晓晶. 如何才能有效动员民间资本参与"一带一路"？[EB/OL]. [2017-12-13]. https://www. sohu.com/a/ 210266768_352307.

[23]　丹麦成立可持续发展目标投资基金 [EB/OL]. [2018-06-07]. http://www.mofcom.gov.cn/ article/i/ jyjl/m/ 201806/20180602756488.shtml.

[24]　UNIDO. SDG Accelerator Fund to be piloted on Circular Economy[Z/OL]. 2019. https://open.unido. org/api/documents/13521976/download/Project%20Concept_SDG%20Accelerator_FI20181204.pdf.

[25]　European Commission. Switch-Asia Program [Z/OL]. https://www.switch-asia.eu/.

[26]　薛澜，翁凌飞. 关于中国"一带一路"倡议推动联合国《2030年可持续发展议程》的思考[J]. 中国科学院院刊，2018（1）：40-47.

[27]　朱磊，陈迎. "一带一路"倡议对接 2030 年可持续发展议程——内涵、目标与路径[J]. 世界经济与政治，2019（4）：79-100.

[28]　周国梅，解然，周军. 明确目标　抓住重点　推动"一带一路"绿色发展[J]. 环境保护，2017（13）：9-12.

[29] 周国梅，蓝艳. 共建绿色"一带一路"打造人类绿色命运共同体实践平台[J]. 环境保护，2019（17）：23-26.

[30] 周国梅，周军. 绿色"一带一路"共商·共建·共享——绿色"一带一路"建设与落实可持续发展议程如何协同增效[J]. 中国生态文明，2018（4）：54-58.

[31] 李稻葵. 2035 年中国将稳稳进入世界发达国家行列 [EB/OL]. [2017-10-31]. https://www.jiemian.com/article/1718059.html.

联合国发布《2019年可持续发展报告》，
聚焦四年来可持续发展目标的实现情况

文/李乐　杨晓华

2015年9月，联合国100多个会员国在历史性的首脑会议上一致通过了可持续发展目标（Sustainable Development Goals，SDGs），主要是在千年发展目标取得的成就之上，增加了气候变化、经济不平等、创新、可持续消费、和平与正义等新领域，形成了17项具体的可持续发展目标[①]，旨在为全人类谋求更美好、更可持续的未来。

四年来，各国政府将可持续发展目标纳入国家计划和政策，在实现可持续发展目标方面取得了诸多进展。在2019年联合国可持续发展高级别政治论坛的开幕式上，联合国正式发布的《2019年可持续发展报告》（以下简称报告）系统全面地审视了4年来全球在可持续发展目标方面取得的进展，并确定了一系列需要政治领导力和多个利益相关方行动的交义领域。

报告认为，四年来，全球虽然在减少极端贫困、免疫普及、降低儿童死亡率和增加人民获得电力的机会等领域取得进展，但许多可持续发展目标进展缓慢，全球行动还缺乏雄心。在环境领域，极端天气、更频繁和更严重的自然灾害以及生态系统的崩溃，造成粮食不安全加剧、人们的安全和健康恶化，迫使许多社区遭受的贫困、流离失所和不平等加剧。从目前的进展来看，没有一个国家能够如期实现所有17项目标。中国在

---

① 目标1：无贫穷（在全世界消除一切形式的贫困）；目标2：零饥饿（消除饥饿，实现粮食安全，改善营养状况和促进可持续农业）；目标3：良好健康与福祉（确保健康的生活方式，促进各年龄段人群的福祉）；目标4：优质教育（确保包容和公平的优质教育，让全民终身享有学习机会）；目标5：性别平等（实现性别平等，增强所有妇女和女童的权能）；目标6：清洁饮水和卫生设施（为所有人提供水和环境卫生并对其进行可持续管理）；目标7：经济适用的清洁能源（确保人人获得负担得起的、可靠和可持续的现代能源）；目标8：体面工作和经济增长（促进持久、包容和可持续经济增长，促进充分的生产性就业和人人获得体面工作）；目标9：产业、创新和基础设施（建造具备抵御灾害能力的基础设施，促进具有包容性的可持续工业化，推动创新）；目标10：减少不平等（减少国家内部和国家之间的不平等）；目标11：可持续城市和社区（建设包容、安全、有抵御灾害能力和可持续的城市和人类住区）；目标12：负责任消费和生产（采用可持续的消费和生产模式）；目标13：气候行动（采取紧急行动应对气候变化及其影响）；目标14：水下生物（保护和可持续利用海洋和海洋资源以促进可持续发展）；目标15：陆地生物（保护、恢复和促进可持续利用陆地生态系统，可持续管理森林，防治荒漠化，制止和扭转土地退化，遏制生物多样性的丧失）；目标16：和平、正义与强大机构（创建和平、包容的社会以促进可持续发展，让所有人都能诉诸司法，在各级建立有效、负责和包容的机构）；目标17：促进目标实现的伙伴关系（加强执行手段，重振可持续发展全球伙伴关系）。

162 个国家可持续发展目标指数榜上位列第 39,在减贫、促进就业、基础设施建设方面取得了显著进展,但在应对气候变化、海洋资源保护、生物多样性保护方面还面临巨大挑战。

为如期实现 2030 年全球可持续发展目标,报告呼吁各国要尽快采取有力行动,并加强国际合作和多边行动以应对巨大的全球挑战。报告提出,各国要采用改革的方式应对全球可持续发展难题,主要包括技能和就业、卫生、清洁能源、生物多样性和土地利用、城市发展以及数字技术六个领域的转变。基于 17 项可持续发展目标之间的相互依赖关系,这六个领域的转变呼吁政府部门、民间社会、企业和其他利益相关方相互合作,以资源的循环利用和人类良好福祉为准则,实现"不让任何人掉队"的目标。

现将报告的要点总结如下,并重点对环境领域的可持续发展目标实现情况进行分析。

一、全球可持续发展的现状

在本次报告的评估中,北欧国家的丹麦、瑞典和芬兰再次位居可持续发展目标指数榜首。然而,即便是这些国家,在实施一项或多项可持续发展目标方面也面临重大挑战。从目前的进展来看,世界各国在目标 13(气候行动)、目标 14(水下生物)、目标 15(陆地生物)方面表现欠佳。

中国在 162 个国家可持续发展目标指数榜上位列第 39,评估结果显示,中国在目标 1(无贫穷)、目标 8(体面工作和经济增长)、目标 9(产业、创新和基础设施)方面取得了显著进展;在目标 2(零饥饿)、目标 3(良好健康与福祉)、目标 5(性别平等)、目标 6(清洁饮水和卫生设施)、目标 7(经济适用的清洁能源)等方面取得一定进展,但与如期实现可持续发展目标还存在差距;在目标 13(气候行动)、目标 14(水下生物)、目标 15(陆地生物)方面进展不足,要实现 2030 年可持续发展目标面临巨大挑战(图 1)。

二、生态环境领域的可持续发展目标进展情况

(一)气候变化

在气候资金流和国家自主贡献方面,各国已采取积极措施,但仍需制订更加凸显雄心的计划加速行动。尤其是在最不发达国家和小岛屿发展中国家,需要加快速度扩大获得资金的机会并加强能力,以如期实现可持续发展目标 13(气候行动)。

(1)目前,已有 187 个缔约方批准了《巴黎协定》。已有 183 个缔约方向《联合国气候变化框架公约》秘书处通报了第一项国家自主贡献,1 个缔约方已通报第二项国家自主贡献。

（2）温室气体排放量的增加正在推动气候变化。2017年，温室气体浓度达到新高，全球平均二氧化碳摩尔分数达到 405.5×10^{-6}，而2015年则为 400.1×10^{-6}。实现符合2℃和1.5℃路径的2030年排放目标需要尽快达到峰值，之后迅速减少排放。

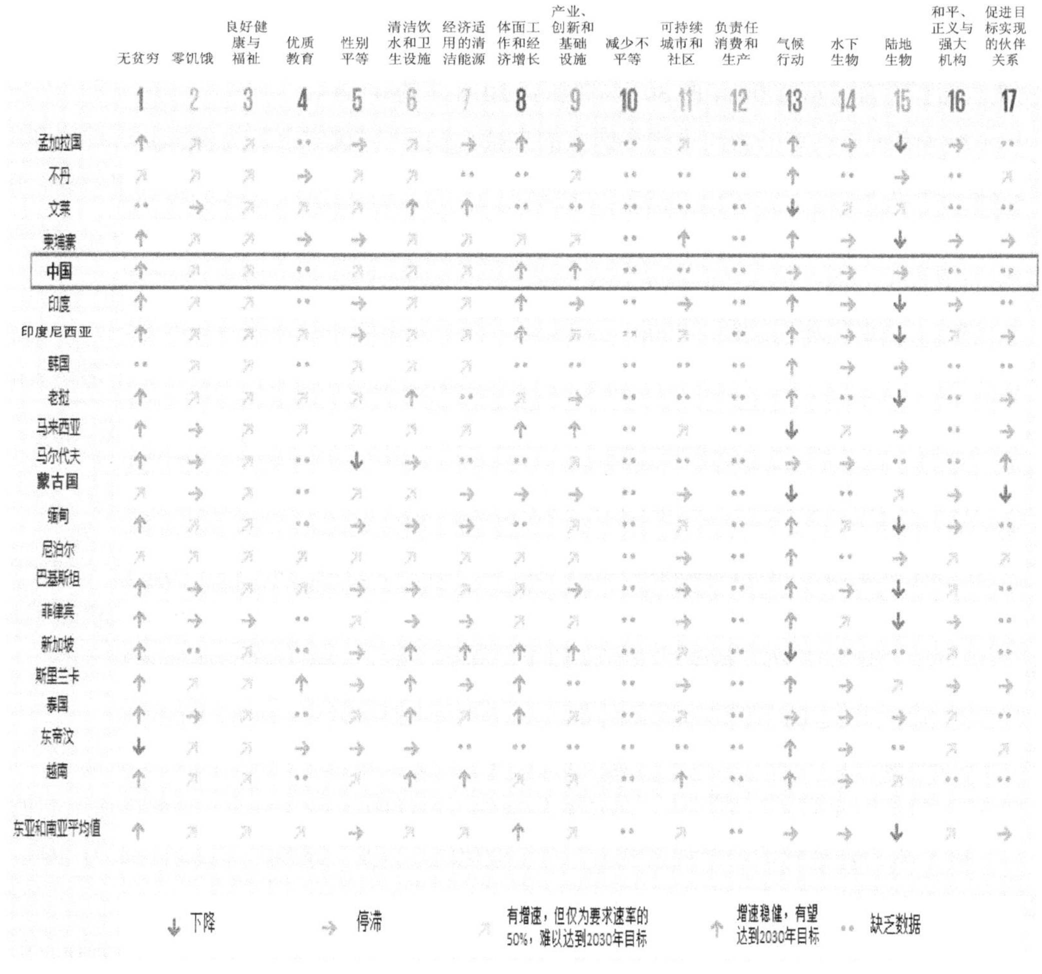

	无贫穷	零饥饿	良好健康与福祉	优质教育	性别平等	清洁饮水和卫生设施	经济适用的清洁能源	体面工作和经济增长	产业、创新和基础设施	减少不平等	可持续城市和社区	负责任消费和生产	气候行动	水下生物	陆地生物	和平、正义与强大机构	促进目标实现的伙伴关系
	1	2	3	4	5	6	7	8	9	10	11	12	13	14	15	16	17
孟加拉国																	
不丹																	
文莱																	
柬埔寨																	
中国																	
印度																	
印度尼西亚																	
韩国																	
老挝																	
马来西亚																	
马尔代夫																	
蒙古国																	
缅甸																	
尼泊尔																	
巴基斯坦																	
菲律宾																	
新加坡																	
斯里兰卡																	
泰国																	
东帝汶																	
越南																	
东亚和南亚平均值																	

图例：
↓ 下降　　→ 停滞　　↗ 有增速，但仅为要求速率的50%，难以达到2030年目标　　↑ 增速稳健，有望达到2030年目标　　·· 缺乏数据

图1　东亚和南亚国家17项可持续发展目标的实现情况和趋势

注：其中中国的相关情况已用框标识。

资料来源：《2019年可持续发展报告》G20国家版。

（二）生物多样性保护

在保护陆地生态系统和生物多样性方面，各国已呈现出令人鼓舞的全球性趋势。森林损失正在减缓，受到保护的生物多样性关键地区有所增加，流向生物多样性保护的财政援助也在增加。然而，目标15（陆地生物）中截至2020年的具体目标仍不太可能实现。土地退化还在继续，生物多样性正以惊人的速度丧失，入侵物种以及非法偷猎和贩运野生动物在抵消保护和恢复重要生态系统和物种方面所做的努力。

（1）生物多样性保护的关键地区逐年增加。保护重要的陆地和淡水生物多样性场地对确保长期和可持续利用陆地和淡水自然资源至关重要。全球各保护区所覆盖的每个生物多样性关键地区的平均占比，就陆地面积而言，从 2000 年的 33.1%增加到 2018 年的 46.1%；就淡水面积而言，从 2000 年的 30.5%增加到 2018 年的 43.2%。

（2）《名古屋议定书》获得更多国家的支持。《名古屋议定书》为保护并可持续利用遗传资源和生物多样性提供了奖励措施。截至 2019 年 2 月，116 个国家批准了《名古屋议定书》，其中 61 个国家通过获取和惠益分享信息交换中心分享了关于其获取和惠益分享框架的信息。

（3）土地退化还在继续。2000—2015 年，由于人类活动对环境造成的影响，如荒漠化、耕地扩大和城市化，地球陆地总面积 1/5 以上的土地退化。同一时期，土地覆被大幅下降，其中草原遭受的损失最大。

（三）海洋资源保护和可持续利用

在海洋资源保护和可持续利用方面，各国已在扩大海洋生物多样性保护区、制定负责任地利用海洋资源的政策和条约等方面做出了努力。然而，所做的相关努力仍然不足以克服过度捕捞、因气候变化导致海洋酸化加剧和沿海富营养化所造成的不利影响。目前，数十亿人的生计和食物来源依赖海洋，需要全球加紧努力，采取干预行动，可持续利用海洋资源，以如期实现可持续发展目标 14（水下生物）。

（1）海洋酸化问题日益严峻。海洋酸化是由于海洋吸收大气中的二氧化碳而引起的。过去 30 年对海洋酸化的长期观察显示，自工业化时期以来，酸度的平均增长率为 26%，预计到 21 世纪末将提高到 100%～150%，将给海洋生物带来严重后果。

（2）海洋保护区的面积大幅增加。截至 2018 年 12 月，国家管辖水域（0～200 海里）内超过 2 400 万平方千米（17.2%）的区域是受保护区，相较于 2015 年的 12%有大幅增加，比 2010 年增加一倍以上。

（3）非法、未报告和无管制的捕捞活动对可持续利用渔业资源构成威胁。虽然已制定针对渔业管理不同方面的国际文书框架，多数国家也采取措施打击非法、未报告和无管制的捕捞活动，并在过去 10 年中通过了越来越多的渔业管理文书，但这些非法、未报告和无管制的捕捞仍对海洋生态系统的保护构成了重大威胁。

（四）水和环境卫生

在水和环境卫生方面，全球尽管取得了进展，但仍有数十亿人缺乏安全饮水、卫生设施。从目前的进度来看，大多数国家不可能在 2030 年前通过全面实施水资源综合管理实现可持续发展目标 6（清洁饮水和卫生设施）。因此，更有效地利用和管理水资源对解决日益增长的用水需求、水安全面临的威胁，以及气候变化造成的日益频繁和严重的干旱和洪水至关重要。

（1）大约 1/3 的国家中度或高度缺水。严重缺水的国家几乎都位于北非、西亚、中亚和南亚。虽然有 80% 左右的国家实施中、低或更高程度的水资源综合管理，然而，60% 的国家不太可能在 2030 年前实现全面实施的目标。

（2）需要在所有跨界流域开展合作。来自拥有跨界水域的 153 个国家中的 67 个国家的数据显示，2017—2018 年，只有 17 个国家报告其所有跨界流域均有此类安排。

（五）可持续消费和生产模式

在可持续消费和生产模式方面，全世界物质消费迅速增长，人均材料足迹也迅速增长，严重危及可持续发展目标 12（负责任消费和生产）的实现。全球亟须采取紧急行动，确保目前的物质需求不致使资源过度开采或环境资源退化。各国应当把减少废弃物、提高资源利用效率、倡导可持续生产和消费模式纳入主流政策中。

（1）全世界物质消费迅速增长。2017 年，全球物质消费从 2015 年的 870 亿吨增加到 921 亿吨，比 1970 年的 270 亿吨增长 241%，这反映出过去几十年特有的对自然资源的需求增加，致使对环境资源造成的负担过重。如果不采取紧急和协调一致的政治行动，预计到 2060 年，全球资源开采量将增至 900 亿吨。

（2）《蒙特利尔破坏臭氧层物质管制议定书》《控制危险废物越境转移及其处置巴塞尔公约》《关于在国际贸易中对某些危险化学品和农药采用事先知情同意程序的鹿特丹公约》和《关于持久性有机污染物的斯德哥尔摩公约》等化学品管理类公约要求，各缔约方需要提交资料说明履行公约所规定的化学品管控情况。然而，不同国家在各公约下所提交材料的情况各不相同，这 4 项公约的平均履约率约为 70%。

（六）可持续城市建设

在可持续城市建设方面，全球已在降低城市贫困居民比例上取得了长足进步，然而，目前绝大多数城市居民呼吸的空气质量较差，交通工具及宽敞的公共空间有限，需要采取紧急行动来扭转这种状况。随着城市所占面积的扩大速度超过城市人口的增长速度，可持续发展目标 11（可持续城市和社区）的实现受到深远影响。

（1）全球废弃物总量持续攀升，废弃物收集和处理能力亟待加强。随着人们收入水平的提高及快速城镇化导致的城市人口增长，预计全世界产生的废弃物总量将翻番，将从 2016 年的近 20 亿吨增加到 2050 年的约 40 亿吨。然而，目前全球有 20 亿人得不到废弃物收集服务，30 亿人没有废弃物处置设施。

（2）绝大多数城市居民呼吸的空气质量较差。2016 年，每 10 名城市居民中有 9 人呼吸的空气仍然不符合《世界卫生组织空气质量指南》颗粒物值的规定，即直径小于或等于 2.5 微米的细颗粒物（PM$_{2.5}$）不超过每立方米 10 微克的年平均值或每立方米 25 微克的日平均值，而且世界一半以上的人口在 2010—2016 年都经历了细颗粒物浓度增加的情况。

（七）可持续能源利用

在可持续能源利用方面，最贫穷国家获得电力供应的步伐开始加快，能源效率继续提高，可再生能源在最终能源消费总量中所占的份额从 2010 年的 16.6%逐步上升到 2016 年的 17.5%。尽管取得了这一进展，但目前全球仍有约 8 亿人用不上电，因此，需要在可再生能源包括运输和供暖方面（目标 7：经济适用的清洁能源）提出更加宏伟的目标，加快变化速度。

三、其他重要领域的可持续发展目标实现情况

（一）消除贫困

全球极端贫困率正持续下降，全球极端贫困人口数量比例从 1990 年的 36%下降到 2018 年的 8.6%。然而，极端贫困率下降速度正不断放缓，以至于全球范围内无法实现到 2030 年极端贫困率低于 3%的目标。此外，国家之间和各国家内部的不平等日益加剧。3/4 发育迟缓的儿童生活在南亚和撒哈拉以南非洲，农村地区的极端贫困率是城市地区的 3 倍。

（二）消除饥饿

全球饥饿人数再次上升，2017 年约有 8.21 亿人营养不良，高于 2015 年的 7.84 亿人。全球几乎每 9 人中就有 1 人无法获得足够的食物。其中，非洲仍然是最容易发生粮食短缺的大洲，非洲有 1/5 的人口（超过 2.56 亿人）受到影响。缺乏投资对发展中国家造成了严重的影响，非洲、亚洲和拉丁美洲国家有 40%～85%的小规模粮食生产者，而欧洲则只有不到 10%。

（三）良好健康与福祉

在改善数以百万计人的健康、延长预期寿命、降低孕产妇和儿童死亡率，以及打击最致命的传染病方面，国际社会已取得了重大进展。尽管如此，2015 年全球仍约有 30.3 万名妇女因妊娠和分娩并发症而死亡，其中大多数在撒哈拉以南非洲。全球在解决诸如疟

疾和结核病等重大疾病方面的进展已停滞或速度缓慢,全球至少有一半人(约35亿人)无法获得基本卫生服务。

(四)性别平等

一些与性别平等有关的指标正在取得进展,但受影响的总人口数仍居高不下。此外,造成性别不平等根源的结构性问题仍有待解决,如法律方面的歧视、不公平的社会规范和态度、有关性和生殖问题的决策以及政治参与不足等正在破坏各方对目标实现所做出的努力。

(五)体面工作和经济增长

报告指出,包括社会各阶层在内的、可持续的经济增长可以推动社会进步并为实现可持续发展目标创造条件。在全球范围内,虽然劳动生产率得以提高,失业率退回到2008年全球金融危机前的水平,然而,全球经济增长速度仍然较慢。

四、全球实现可持续发展目标的路径展望

全球各国碰到的问题往往是相互关联的,应对贫困、不平等、气候变化和其他全球挑战的解决方案也是相互关联的,所有国家在制定可持续发展路线图和成功战略方面都任重道远。报告呼吁,各国要尽快采取有力行动,通过政府部门、民间社会、企业和其他利益相关方的合作,在良好教育、性别平等和公平,人类健康、福祉和人口数量,能源脱碳与可持续产业,可持续的食物、土地、水、海洋,可持续城市和社区,可持续发展的数字革命6个方面实现转变,应对全球可持续发展难题。

(一)"不让任何人掉队"

为了"不让任何人掉队"并促进发展权,需要确保最弱势群体获得高质量社会保障、医疗、教育、水和环境卫生、能源和互联网等基本服务,提高他们的经济、社会和文化权利,减少不平等;同时,国际性的行动也应该惠及那些面临最大挑战和最脆弱的国家。例如,国际发展合作应该资助国家提升制定自身发展战略的能力,从而实现消除贫困和其他可持续发展目标。

(二)加强国际合作

为了实现可持续发展目标,遏制气候变化,需修订全球规则,确保这些规则支持可持续发展目标,这有利于公平的全球化。还必须调整国际发展合作模式,使其具有代表

性，囊括捐助方和受援国及新的和传统的提供方。各国政府和国际社会还应重新打造符合可持续发展的国际和国家金融体系。

（三）实施综合性的解决方案

鉴于可持续发展目标之间的紧密联系，实现可持续发展目标的行动必须建立在各项目标协同增效的基础上，使若干可持续发展目标得以推进，并权衡具体目标与政策两者之间的利弊。比如，环境退化与经济增长脱钩要求推广现有的可持续做法，从根本上转变全社会生产、消费和处置商品和材料的方式。

（四）加快推进地方执行工作

地方政府数量庞大，情况各异，是政策创新的主要来源。要扩大有效的可持续发展行动，就需要各级政府和地方利益相关方通过参与进程持续开展对话与协作。近年来，气候变化、移民以及其他主题政策领域的地方政府网络发展壮大，这些网络可以为有效分享和推广创新做法提供更多支持。

（五）提高抗灾适应能力

可持续发展目标的实施进展在很大程度上取决于预测、防备和适应突如其来的变化的能力。比如，气候变化会造成温度、降水模式和海平面的逐步变化，从而对多个可持续发展目标产生影响。各部门和各领域亟须加快行动，加强抗灾能力和适应能力。在建设粮食系统抗灾能力的同时应采取行动，确保粮食系统能够不断加强自然资源管理，以维持城乡生计，并提供获取小农户生产的营养食品的途径。在向低碳或零碳来源过渡的同时，减少能源消费，重新造林或植树造林，并实施可持续农业和废弃物管理以减少甲烷的排放。

UNEP 发布第六期《全球环境展望》
全面聚焦可持续发展

文/于晓龙　陈明

2019 年 3 月，第四届联合国环境大会召开期间，联合国环境规划署（UNEP）正式发布了第六期《全球环境展望》（以下简称 GEO-6）。这是时隔 7 年后，UNEP 再次广泛召集全球政策制定者、专家学者、科研机构等，共同就全球环境现状进行广泛、严谨、科学的评估。

GEO-6 评估结果显示，全球不可持续的人类活动导致地球生态系统退化，从而危及全社会的生态基础。尽管各国和各区域都在环境政策方面做出了努力，但仍无法改变全球环境总体状况继续恶化这一现状。可持续发展目标（SDGs）和相关多边环境协定（MEAs）中的环境目标可能无法实现，同时可能无法于 2050 年实现全球社会可持续发展的目标。

对此，GEO-6 全面聚焦可持续发展，面向全球政策制定者提出了新的路径规划和发展展望。主要包括：①必须以前所未有的规模采取紧急行动，加强国际合作，制止和扭转现状，保护人类和环境健康，并维护全球生态系统现在和未来的完整性；②需将环境问题与相关的经济和社会问题结合起来加以解决，同时应充分考虑不同层级发展目标间的协同增效和权衡取舍；③需将对环境的考量纳入各层级社会和经济决策过程中，且应将其主流化；④需要完善和加强地方、国家、区域和全球各层级治理，同时做到各个政策领域的广泛协调；⑤需要制定更加积极的环境政策，同时提高政策执行水平，更应清醒地认识到，仅靠环境政策还不足以实现可持续发展目标；⑥在确保可持续发展能够获得可持续的资金供给，并能够使环境优先领域得到充分支持的同时，必须加强运用信息化手段开展环境管理的能力；⑦各利益相关方应做出坚定承诺、建立伙伴关系并开展国际合作，从而推动环境目标的实现。

较 2012 年"里约+20"峰会前夕发布的第五期《全球环境展望》（以下简称 GEO-5）而言，第六期《全球环境展望》总体呈现出以下 4 个新的特点。

（1）更为关注可持续发展。GEO-5 是对照 2000 年确立的"千年发展目标"及 MEAs 中的环境目标,对全球环境状况和趋势做出的评估。GEO-6 则以 SDGs 和相关 MEAs 中的环境目标为评估基础,同时强调到 2050 年实现可持续发展全面转型这一中长期发展目标,因此对可持续发展议题的关注几乎贯穿了 GEO-6 报告正文的全部内容。

(2)政策成效分析的侧重点由区域效果转变为环境规制关注的主要领域。GEO-5 的第二部分为"政策选择",通过评估全球 9 个主要地区的环境政策实施效果,总结出了能够加速环境目标实现的政策措施。GEO-6 则在报告正文中淡化了"区域"概念,从空气、生物多样性、海洋和沿海地区、陆地和土壤、淡水 5 个方面入手,对全球范围内较为主流和典型的环境规制政策、方法及工具进行了总结,并面向可持续发展目标,提出了应进一步采取的行动、改进和创新的方向。

(3)数据需求的出发点和侧重点发生变化。GEO-5 中提及的"数据需求"主要是指在 GEO-5 评估过程中,体现出的环境数据收集需求,以及现有环境数据信息收集、处理、利用过程中存在的问题。GEO-6 中"未来数据和信息需求"章节则面向大数据、人工智能技术分析等新一代数据信息技术,分析了它们的诞生和发展给环境治理带来的挑战机遇,同时向政策制定者提出了积极的应对建议。该部分内容与环境现状分析、环境政策实施效果评估、未来路径展望等内容,共同构成了 GEO-6 报告的 4 项主体内容,可见数据需求重要性已较 GEO-5 时期大幅提升。

(4)参与编写决策者摘要的国家数量明显增加。GEO-5 的决策者摘要经由 53 个国家的政策制定者共同磋商、讨论后发布;GEO-6 的决策者摘要则由 94 个国家的政策制定者磋商后发布,其受众群体和影响范围较 GEO-5 显著扩大。

本文在对 GEO-6 报告及其决策者摘要、区域评估报告、关键信息等一系列官方文件信息进行整理和总结的基础上,梳理出以下 4 个方面的信息:①全球环境变化动因、趋势及治理挑战涉及的 4 个要素;②基于空气、生物多样性、海洋和沿海地区、陆地和土壤、淡水 5 个主要环境议题的全球环境现状分析;③全球环境政策成效评估的 13 点发现;④实现可持续发展的 2 条有效路径。

一、全球环境变化的动因、趋势及治理挑战

在过去的几十年中,人口压力和经济发展一直被认为是推动环境变化的主要因素。近几年,随着城镇化和技术创新的持续加速,全球消费和生产模式的巨大差异也在对环境产生新的影响。这些动因紧密交织,复杂、广泛且不均衡地分布于全球各地,其规模、全球影响和变化速度日益加快,给环境和气候治理带来了挑战。然而,目前无论是在城市、农村,还是在国家、超国家,或是地区、全球,各种层面上的治理架构都无法扭转这一趋势,难以形成一种有效的对策。

（一）人口与城镇化

（1）2018年全球人口约为75亿人，预计到2050年将达到100亿人，到2100年将达到110亿人。如果不改变生产和消费模式，人口增长将继续加重对环境的压力。

（2）城市已成为世界各地经济发展最重要的推动力。城镇化正以前所未有的速度在全球发生。预计到2050年世界城市人口比例将提高至66%。非洲是城镇化速度最快的区域，也是预计人口增长率最高的区域。

（3）沿海城市以及小岛屿发展中国家更容易受到气候变化和极端天气事件引起的海平面上升、洪水和风暴潮的影响。一般而言，城镇化速度最快的发展中国家的城市更为脆弱。

（4）从积极的考虑出发，可以通过改善治理方式、基础设施、服务、可持续土地使用规划及相关技术，推广对环境影响较小的城市生活方式，把握可持续城镇化发展的机遇。

（二）经济发展与消费

（1）某些地区采用的"先发展，后治理"的经济发展模式，没有考虑气候变化、污染或自然系统退化。如不采取紧急行动对消费和生产模式进行深刻变革，到2050年，环境将无法可持续地承载100亿人的健康生活需要。

（2）为了实现可持续发展目标，必须将环境退化和资源利用与经济增长脱钩，从根本上转变全社会生产、消费、处置商品和材料的方式。

（三）技术和社会变革

（1）一些技术和社会变革可以减轻不可持续的消费和生产模式所带来的环境压力。采取适合本国国情的环境技术，可以帮助各国更快地实现各项环境目标。依据国际协定对技术创新活动采取预防性措施，可以减少非故意的、对人类和生态系统健康的负面影响。

（2）优先采用低碳、资源节约型做法的国家可能在全球经济中获得竞争优势。优先采用低碳的环境政策、技术和产品，可以降低成本增长和提高竞争优势，提升技术创新的能力，有利于就业和发展，同时能减少温室气体的排放。

（四）气候变化

（1）气候变化是在全球造成环境、社会、健康和经济影响并导致全社会风险上升的动因，必须争分夺秒地防止气候变化造成不可逆转的影响。

（2）除非大幅减少温室气体排放，否则全球气温水平会超过《联合国气候变化框架公约》下《巴黎协定》规定的阈值。

（3）与环境退化和气候变化相关的社会风险通常会对弱势群体，特别是对发展中国家的妇女和儿童造成更为深远的影响。因此，迫切需要采取更有效的措施应对气候变化，尤其是对于弱势群体和脆弱地区而言。

二、全球环境现状

GEO-6 的 A 部分涉及空气、生物多样性、海洋和沿海地区、土地和土壤、淡水 5 个主要环境议题，对照 SDGs 和 MEAs 中的环境目标，对全球环境现状进行了评估和分析，主要结论如下。

（一）空气

1. 空气污染物排放

（1）从全球范围来看，虽然某些部门和区域的空气污染物排放趋势正在减弱，但却被一些经济高速增长的国家和快速城镇化地区更大幅度的污染物排放增长所抵消。

（2）由于发电厂、大型工业设施和汽车排放受到管控，包括农业、家用燃料、建筑和其他便携式设备，以及森林火灾在内的其他污染源造成的影响相对来说所占比例越来越高，这是未来需要重点关注和管理的方向。

（3）不可再生资源发电以及化石燃料生产和消费部门（能源部门）是最大的二氧化硫和非甲烷挥发性有机化合物人为排放部门，也是包括温室气体在内的其他空气污染物的主要排放部门。

2. 温室气体排放

（1）尽管许多国家和地区正在采取积极的应对行动，但全球人为温室气体排放量仍在上升，并已经对气候造成影响。目前，各国国家自主贡献仅能实现 2℃温控目标所需减排量的 1/3。为提升这一控温目标实现的概率，2010—2050 年，全球排放量需减少 40%～70%，到 2070 年净排放量需降至零。

（2）实现《巴黎协定》规定的目标需要转型变革，从而大幅减少温室气体排放并平衡排放源和吸收汇。除了减少二氧化碳这一长寿命温室气体的排放量外，减少黑碳、甲烷、对流层臭氧和氢氟碳化物等短寿命温室气体，也是综合性气候变化缓解和空气质量管理计划的关键组成部分。

3. 公共部门参与

各国政府治理空气污染和气候变化的能力和政治意愿有很大差异。今后要借助各类国际论坛引发全球政策制定者的广泛关注，同时实现不同国家治理经验的借鉴交流。

（二）生物多样性

严重的物种灭绝现象正在发生，其表现主要包括：遗传多样性正在衰退，威胁粮食安全和生态系统的复原力，包括农业系统和粮食安全；物种种群数量正在减少，物种灭绝速度也在上升；生态系统的完整性和功能性正在衰退；外来入侵物种正在对生态系统造成威胁。

1．国际环境公约谈判及履约

虽然相关工作正在稳步推进，但要实现 MEAs 中的各项目标，如联合国生物多样性 2020 年目标（爱知目标，The Aichi Targets）以及 SDGs，还需要做出更多努力。尽管《生物多样性公约》已收到各国提交的国家生物多样性战略和行动计划 190 余份，但其质量、可靠性和执行情况参差不齐。

2．技术方法需求

（1）需充分审议生物多样性的多重价值，将生物多样性的价值纳入国家经济价值评估方法。此外，迫切需要扩大生态系统评估的应用范围，以便更好地了解全球生态系统的状况和趋势。

（2）保护物种和生态系统的最有效方式是养护自然生境。然而，保护区的实施、管理工作以及所覆盖的生态系统的多样性仍显不足。保护区面积尚不足国家管辖范围内陆地生境（包括内陆水域）的 15%，沿海和海洋区域占比则低于 16%。

3．与社会、经济、公共治理间的联系

（1）生物多样性损失也涉及平等问题，对贫困人口、妇女和儿童的影响尤为严重。如果以目前的衰退速度持续下去，人类的后代将无法享有生物多样性带来的健康惠益。

（2）70% 贫困人口的生计直接依赖自然资源。应对生物多样性丧失的各项努力还必须考虑消除贫困、粮食安全挑战、性别不平等以及其他社会问题。

（3）生物多样性丧失速度加快以及对这一现象的不作为，带来了高昂且不断上升的代价，可能使人类健康受到众多威胁，亟须在全球范围内增加对生物多样性可持续利用与保护的投资，并将生物多样性考量始终纳入经济和社会发展的各个方面。

（4）原住民和地方社区通过提供基于传统知识和生态系统方法的自下而上、自我驱动和创新的解决办法，在保护生物多样性方面发挥着关键性作用。但是，如果不允许使用保护区内的自然资源，保护区可能会对原住民和社区产生不利影响。

（5）在决策者层面，应进一步加强治理制度建设。通过改进环境政策框架、统筹实施环境政策、建立伙伴关系等做法，将有助于化解生物多样性面临的最大压力。

(三) 海洋和沿海地区

1. 技术方法需求

（1）人类社会目前为保护海洋和沿海地区所做出的努力还不能满足实现可持续发展目标的需要（特别是目标 14），应严格遵约、履行现有法律法规并积极采取其他更有效的手段，如采取以新兴技术为基础融入预防性目标的各项干预措施，以及采用基于复原力和基于生态系统的海洋管理战略方针等。

（2）在执行减少污染措施的同时，需要加速对海洋环境进行全面、综合的监测和评估，以实现让海洋保持"良好环境状况"的目标，包括需要在各层级使用统一的评估标准和方法。为了达到最佳效果，这些措施应当与缓解和适应气候变化的行动结合起来，在减少海洋污染和垃圾来源的同时，促进海洋的保护和可持续利用。

2. 珊瑚礁保护

尽管以新兴技术和可持续管理方法为基础的干预措施可以帮助保护某些地区的珊瑚礁，但各国政府仍应当做好准备，应对以珊瑚礁为基础的产业和生态服务系统的急剧衰退和崩溃，以及其对食物链造成的负面影响。

3. 海洋渔业

（1）海洋在全球经济发展中发挥着重要作用，而且越来越重要。

（2）确保捕捞渔业和水产养殖的可持续性，需要在监测、评估和运营管理方面进行大量投资，并且在许多情况下需要采用强有力的、以地方社区为基础的方法。

（3）在没有资源评估监测、管控和执法措施的地方，过度捕捞和非法、未报告或无管制的捕捞活动仍在继续，并可能正在扩大。

4. 海洋垃圾

（1）估算显示，与沿海地区生活垃圾管理不善相关的海洋塑料垃圾每年约产生 800 万吨，其中 80% 来自陆地。

（2）微塑料数量的增加和丰度上升对海洋生物及人类的健康具有潜在的不利影响。此外，海洋垃圾将对旅游和娱乐、航运和游艇、渔业、水产养殖、农业等许多沿海经济产业产生重大影响。

（3）改善废弃物管理，包括回收和报废管理，是减少垃圾入海的最紧迫的短期解决办法。长期解决办法包括改善各级治理、改变行为和制度、减少生产和使用塑料所带来的塑料污染并增加回收和再利用。应采用全面和循证方法来管理废弃物，同时考虑采用生命周期方法。

（4）虽然存在许多相关的国际协定，但缺少针对海洋垃圾和微塑料问题的全球性协定。各国际机构之间可以加强协调与合作，以推动该类国际协定的达成。

（四）土地和土壤

1．面临的主要挑战

（1）土地退化和荒漠化正在加剧，为避免土地退化和恢复退化土地而进行的投资在经济上具有合理性，其效益通常远大于成本。

（2）尽管许多国家正在采取措施提高森林覆盖率，但主要方式是植树造林和重新造林，此类林地能够提供的生态系统服务的种类与天然林仍有不小的差异。

（3）城市群（城市中心和郊区）自1975年以来扩大了约2.5倍，并带来了城市热岛效应。

（4）尽管针对土地退化问题的各项政策框架，如《联合国防治荒漠化公约》下的土地退化零增长倡议，可能有助于减缓气候变化和提高土地复原力，但现有的土地管理政策框架仍是复杂的、不完整的。

2．土地可持续发展实现路径

开展充分、有效的土地资源管理。要大力发展创新技术、研究可持续土地管理战略、开展土地资源管理（如可持续森林管理）、推广和采用生态系统服务、土地恢复和土地所有权付费制度。

（五）淡水

1．气候变化带来的新挑战

（1）人口增长、城镇化、水污染和不可持续的发展都使全球水资源承受越来越大的压力，气候变化进一步加剧了这种压力。

（2）全球水循环的改变正在带来水量和水质问题，并在全球范围内产生不同程度的影响。例如，全球变暖导致冰川和积雪融化情况日益严重，这将影响区域和季节性水供应，特别是影响亚洲和拉丁美洲的河流，进而影响全球约20%人口的用水。

（3）水资源短缺和气候变化造成的自然灾害正在减损人类社会的福祉。在大多数区域，水资源短缺、干旱和饥荒等灾害导致移民增加。受到严重风暴和洪水影响的人口也越来越多。

2．水质与人类健康

（1）约有23亿人（约占全球人口的1/3）仍然无法获得安全的卫生设施。每年约有140万人死于可预防的疾病，如腹泻和肠道寄生虫病，这些疾病与饮用水受到病原体污染以及卫生设施不足有关。此外，各种内分泌干扰化学品广泛分布于各大洲的淡水系统，会造成胎儿发育不良和男性不育等问题。

（2）通过生活污水、工业废水、农业污水进入水循环的抗生素，使得在经处理的饮用水中发现了对抗微生物药物具有耐药性的细菌。如不采取有效措施，到 2050 年，耐药菌感染导致的人类疾病可能会成为全球传染病致死的重要原因。

3．水资源开发

（1）由于过度开采地下水用于灌溉、饮用水、工业和采矿用途，许多含水层正在迅速枯竭。迫切需要以更可持续的方式管理地表水和地下水，并改善水层监测水平。

（2）全球范围内，农业用水占淡水取水量的比例约为 70%。在部分贫困国家，这一比例可能高达 80%。城市和工业用水增加带来的竞争性需求导致需在提高农业用水效率的同时提高粮食产量。

4．湿地保护

（1）湿地能够缓冲气候变化造成的影响（如干旱和洪水等），并改善水质。据估计，1996—2011 年，由湿地丧失造成的经济损失合计达 2.7 万亿美元。需要公共和私人两部门共同加大投资，推动更可持续的湿地管理和恢复。

（2）由于人类活动，全球年碳排放量中有约 5%是由泥炭地分解造成的。因此，保护和恢复泥炭地，包括泥沼地的复湿，是一项重要的气候变化减缓策略。

5．主要对策措施

（1）提升用水效率，促进水循环利用、雨水收集和海水淡化，对提高水安全水平和更公平地进行水资源分配具有重要意义。

（2）农业部门需要显著提高用水效率和生产力。工业和采矿部门在提高用水效率、回收再利用，以及控制水污染方面也有很大的潜力。

（3）必须加大投入来扩大标准化水数据的获取范围，并提高数据的严谨程度，以便进一步以政策和治理手段管理水资源。

（4）更广泛地采用对水敏感的城市设计，如提供基础设施用于管理雨水、污水、废水和含水层的有序补给，可以改善水资源管理、提升城市节水效果。

（5）创新和综合性政策组合对管理水、粮食、能源、交通、气候变化、人类健康及生态系统之间的相互影响至关重要。

（六）共有问题

以下几个问题是上述所有环境主题面临的共有挑战。它们相互依存，又相互影响。

1．人与社会

（1）全球消费的规模和程度（尤其是城市地区）正在影响全球资源流动。

（2）性别平等在促进可持续发展、环境保护和社会正义方面具有放大效应。将性别观点纳入环境政策和治理，尤其是通过支持妇女参与并发挥领导和决策作用，可以确保将新的问题和观点，以及按性别分列的数据纳入环境评估，还可以确保公共资源更多地用于事关人类发展的优先事项和投资项目。

（3）可持续发展教育对于实现可持续发展目标、促进更可持续的社会发展、适应不可避免的环境变化至关重要。必须运用多种媒体开展正式和非正式的可持续发展教育，扩大可持续发展教育受众规模，使其成为全球教育体系架构的核心要素。

2．变化中的环境

（1）气候变化会改变天气模式，进而对环境、经济和社会产生广泛而深刻的影响，威胁人们的健康、水、粮食和能源安全。

（2）极地表面温度的上升幅度是全球平均升温幅度的两倍以上。这种情况对极地气候系统的其他部分造成了连锁效应。

（3）包括气候变化和环境退化、贫困和社会不平等、城市地区人口密度上升、混乱的城镇化，以及没有充分考虑环境风险的决策在内的多种环境变化诱因，可能相互作用产生复合效应，使更多的人遭受环境灾害的影响。

3．资源和原材料

（1）现代社会的消费和生产活动使资源开采量上升，超出了生态系统的恢复能力，同时产生了一系列有害后果。在更广泛的可持续消费和生产的背景下，应通过减少、再利用、再造和翻新产品来实现循环经济，以此作为实现可持续发展的方法之一。

（2）由于依赖化石能源国家的能源消费量还将持续增长，2014—2040年，全球能源消费规模预计将大幅增长（有数据显示，这一增长率可能高达63%）。如果不进一步采取积极有效的措施，《巴黎协定》的温控目标将无法实现。

（3）尽管对持久性有机污染物的全球管控取得了一定突破，但在评估和监管有害化学品方面，仍需要制定法律法规、开展有效的评估和监测。同时需使相关行业和消费者清楚地认识到，他们有责任提供有害化学品管控所需的各项信息，并在技术和经济可行的情况下，使用较安全的替代品。

（4）为满足不断增长且变化的消费者需求，粮食系统面临的来自区域生态系统和全球气候变化带来的压力持续增大。有必要在粮食生产、分配、储存、加工和消费模式方面进行重大变革。

三、全球环境政策成效评估

GEO-6的B部分综合运用案例研究和指标评价方法，对现有的国别环境政策、治理架构以及多边环境协定等的效果进行了评估。主要结论包括以下内容。

（1）单一方法无法应对可持续发展面临的各种障碍，也不能适用所有的情况。因此，应对旨在减少排放和避免资源枯竭的各项环境政策和工具加以创新。

（2）与政策工具的选择一样，政策设计对于政策执行效果而言同样重要。良好的政策设计应具备以下要素：①通过包容性、参与式的设计来制定长期规划；②政策应明确环境基准、科学的量化目标和里程碑；③有效地整合环境、社会和经济要素；④进行事前和事后成本效益或效果分析，以确保公共和私人部门资金的最佳使用效率和效果，并确保足够细致地考虑社会各方面问题；⑤在实施过程中应建立监测制度以提高政策的适应能力，同时尽可能让利益相关方参与其中；⑥对政策结果和影响进行后评估，形成决策闭环以便继续改进政策设计。

（3）发展中国家在政策创新方面积累了丰富的经验。例如，南非的免费供水和智利的可持续渔业政策在为贫困者提供自然资源使用权的同时，使其收入得以增加，实现了环境改善和消除贫困目标的统一。

（4）良好的政策反馈机制能够帮助环境决策逐步升级、更具活力。这种环环相扣的方法使得政策制定者能够根据经验对政策进行修订和改进，如通过提高目标水平或选择更有效的工具来改进政策实施效果。但这一方法的运用须以明确的环境基线为基础，以满足事前和事后评估的需要。

（5）国家间的政策扩散日益普遍。在国情、优先事项、能力和法律允许的情况下，成功的环境政策可为其他国家所借鉴。但这种政策的借鉴多集中在自愿和创新推广领域，在市场化工具选择和再分配政策制定等方面，国家间的政策扩散现象并不显著。

（6）多层级治理是国际层面环境政策创新的源泉。在多层级治理框架下，多边环境协定可以通过支持国家级的环境决策来推动其他层级的环境决策。需要注意的是，在相关政策周期的所有阶段，即从设计、执行再到监测、评价，利益相关方的参与都是至关重要的。

（7）将对环境的考量融入各政策制定层级和部门的决策过程中，是有效保护环境的关键。

（8）采用综合性方法是制定有效政策的关键。在制定环境政策时，需要特别考虑社会和经济方面的问题。同样，采用将性别问题融入其中的方法，可以使各项环境政策和干预措施达到更好的效果，并发挥更大的变革作用。

（9）政府治理中的其他部门对环境方面的问题普遍缺乏连贯的考虑。虽然包括战略环境评估、环境影响评估和自然资源评估等在内的事前评估工具越来越多地被运用，可以揭示环境部门与其他部门潜在的共同效益，但其潜力尚未得到充分发挥。如果环境部门不能给其他部门带来效益，则环境问题无法充分融入其他部门的决策过程。因此，环境部门往往不够强势，无法强制实施环境政策整合。此外，环境政策整合所需的有效的法律、程序和体制机制也尚未得到广泛应用或实施。

（10）现有政策不足以解决积蓄已久的环境问题，在控制污染、提升效率和环境规划等方面仍有差距。在改进政策设计、扩大政策目标的同时，各国政策制定者必须采取紧急行动，以充分应对资源枯竭和温室气体排放对生态系统、人类健康和经济效益造成的不可逆转的影响。

（11）仅靠环境治理强度和效率的提升，不足以为2030年可持续发展议程、SDGs以及MEAs的污染控制目标的实现提供充分的支撑。必须从制度框架、社会实践、文化规范和价值观的角度出发，在社会生产制度和架构领域开展转型和变革。这些转型和变革能够使富有远见的、战略性的、综合性的决策，与自下而上的社会、技术和制度创新相结合，并能够对上述创新经验进行系统性的运用。

（12）环境政策的设计、实施、遵守和执行对监管者提出了更高的要求。需确保有足够的监督能力并加大对知识体系的投入，如加强数据、指标、评估、政策评价和共享平台的设计和建设。同时，需加大对环境核算系统的投资，以实现外部成本的内部化，并在核算过程中进一步明确政策全周期可能面临的风险、机遇和冲突。

（13）遵照MEAs更多地采用预防性措施可以减少环境风险。政府机构、企业与民间社会应就化解社会风险的路径达成一致，发挥合力应对环境风险。此外，地方与国家政策间的多层级协调也将加快一国向可持续发展转型的步伐。

四、实现可持续发展的路径展望

GEO-6的C部分结合当前环境现状展望了人类社会可持续发展的前景，认为如不进行政策干预，预计全球环境将继续快速退化，SDGs和MEAs中的环境目标可能无法实现，同时也可能无法于2050年实现全球社会的长期可持续发展。全球政策制定者必须立即采取紧急行动来扭转上述趋势，恢复地球和人类的健康，未来需要从转型变革和采取综合性方法，以及进行系统性转型创新两个方面出发，探寻更可持续的未来发展路径。

（一）转型变革和采取综合性方法

实现地球健康，进而实现可持续发展的路径是存在的。为此需要做出转型变革，一方面包括生活方式、消费偏好和消费者行为的改变，另一方面包括清洁生产工艺发展、资源效率、企业责任感以及履约自觉性的提升。

1. 气候、空气与能源

（1）实现与气候变化相关的目标、减少空气污染并为所有人提供可持续的能源是完全可能的，但需要以前所未有的规模迅速开展行动。

（2）需在以下方面加大投入：能源获取能力、加强能效改善措施的开发和实施、改变生活方式、加快降低温室气体排放技术推广、空气污染治理，以及减少土地使用、改变土地用途和发展林业以降低人为温室气体排放量。

（3）从现在到 2050 年，全球经济的碳强度每年下降 4%～6%（以往为每年 1%～2%），到 2050 年，能源部门的温室气体排放可以减少到几乎为零。

2．农业、土地、水与生物多样性

通过把粮食消费、生产、浪费及再分配方面的措施与自然保护政策结合起来，可以消除饥饿、防止生物多样性丧失、遏制土地退化。实现这些社会和环境目标的设想包括以下 4 个方面。

（1）农业产量增速加快 50%，采用更加节约的粮食消费和分配方式。

（2）增加生态基础设施，缓冲农民和农村以及城市社区受到的干旱和洪水等气候冲击，缓解水污染，增加供水，同时保护生物多样性。

（3）发展可持续农业，减轻氮和磷失衡，以减少淡水系统、地下水及沿海地区的污染。

（4）更高效地用水、增加储水量，以及投资进行海水淡化来缓解水资源短缺。

3．不同可持续发展目标间的协同作用

（1）改善教育，特别是对妇女和女童的教育，与健康、经济增长、消除贫困以及改善环境管理的关系尤其紧密。

（2）生产肉类产品需要的土地多于农作物。因此，促进可持续和健康的饮食，减少发展中国家和发达国家的粮食浪费，以及发展可持续农业，将有助于满足地球上 90 亿～100 亿人的营养需求。这样有可能在改善健康和满足营养需求的同时，在减少生物多样性丧失、促进生境恢复以及防止土地退化及水资源短缺等方面具有协同作用。

（3）逐步停止使用化石燃料并改用碳排放较低的燃料（包括可持续的生物能源），将带来重要的协同效益，有助于实现气候和空气质量目标，且还在改善人类健康、提高农作物产量和减少生物多样性丧失等方面具有协同作用。

4．不同可持续发展目标间的权衡取舍

（1）基于土地的气候变化缓解（生产生物质能源作物）和农业集约化分别是实现气候目标和粮食目标的关键措施，但如果不精心管理，则可能对其他环境目标的实现造成显著的不利影响。

（2）虽然几乎所有符合《巴黎协定》的设想都依赖基于土地的缓解措施，但采用这些措施会增加对土地的需求，从而可能对土地使用模式造成巨大影响，最终导致粮食价格上涨，进而影响粮食安全。

（3）提高农业产量可以提高粮食总供应量并减轻对天然土地的依赖。但是，采用不可持续的农业生产方式可能导致土地退化、缺氧、有害藻华、生物多样性丧失和温室气体排放量上升。

（4）采取综合性方法可以把握协同增效并处理不同可持续发展目标间潜在的权衡取舍，以兼顾实现各项环境目标。

（二）为实现环境目标而进行系统性转型创新

协调一致、目标长远的环境政策，加上社会和技术创新，将有助于实现 SDGs 和 MEAs 中的环境目标。

向可持续发展转型的创新路径需要：①引导以可持续发展为目标进行系统性创新的意愿；②社会和政策创新；③淘汰不可持续的做法；④政策试验；⑤吸引各类行为主体广泛参与并给予支持。

1. 创新途径一：转型项目和创新解决办法

转型项目和创新解决办法，旨在实现可持续发展目标并得到有公共和私人部门利益相关方广泛参与的想法、行动和方案，具体包括以下内容。

（1）以自然为基础的解决方案，如生态基础设施和生态恢复。

（2）在监测和报告方面的创新，包括利用地球观测系统来更好地了解环境条件、让公民参与环境监测，如民众的技术监督，让民众利用网络应用程序监测水质并向相关政府机构报告问题，以及开展整合经济、社会和环境因素的自然资本核算。

（3）循环和共享经济创新，涉及提高资源利用效率，尤其是通过新商业模式更好地处理其他生产工艺产生的废品，以及在同行共享商品与服务方面进行创新。

（4）有助于减少有毒物质和固体废物（包括塑料废弃物）的创新和政策。

（5）通过加强可持续发展和环境教育来提高公众意识。

（6）强调性别平等、增强妇女权能，以及促进从地方一级到全球各层级公平正义的创新方案。

（7）创建智能、可持续城市，例如，利用现代数字技术与民众交流和互动以应对城市的关键可持续发展难题。

2. 创新途径二：个人、企业和其他非政府利益相关方的投资和参与

个人、企业和其他非政府利益相关方的投资和参与对实现上述目标同样至关重要。逐步淘汰不可持续的产品和工业流程需要具备以下条件。

（1）为新监管机制制定标准。

（2）建立财务机制，以促进面向可持续发展、提高化学品使用效率和减少有害化学品的投资，并在该过程中充分考虑市场和非市场的风险及影响。

（3）开展环境教育和可持续发展教育，以便培养可持续的消费者选择能力、创业精神、企业社会责任等。

（4）探索和推广能够让所有利益相关方共享经济福祉的路径。

（5）克服对不可持续技术及其既得利益的依赖性。

（6）用经济手段对污染行为定价。

3．创新途径三：转型变革的适应性政策

转型变革需要政策试验、环境诉讼等适应性政策，为小众领域的创新提供有利环境，并消除变革障碍。例如，政策试验为政策调整和创新提供了空间。其间，还可以融入地方和土著知识体系以完善环境管理。环境诉讼通过诉诸法院和司法等法律机制来纠正环境退化，进而为所有人享有清洁和健康的环境提供一项重要的保障机制。

4．创新途径四：参与式方法

参与式方法可以帮助决策者及非国家行为主体确定和采取创新的解决办法来实现可持续发展。参与式方法使所有利益相关者能够认识并表达他们的需求和权利。因此，该方法可能带来一套由利益相关方提出的，能够实现 SDGs 和 MEAs 的倡议、愿景、路径以及解决办法。这种方法可以突出环境问题及其解决方案在分配公平、责任和能力方面的差距和盲点，也有助于提供特定背景下的个性化解决办法。

5．创新途径五：国际合作与支持

国际合作与支持，包括对最不发达国家的支持等，对实现可持续发展而言至关重要。有效的治理可以完善各种规模的多层级或多国的合作与协调，以减少区域间的不平等。双（多）边环境协定则是支持跨知识领域相互包容和可持续发展的重要治理机制。

参考文献

[1] UNEP. Global Environment Outlook 6 [R]. 2019.

[2] UNEP. GEO-6 Summary for Policymaker [R]. 2019.

[3] UNEP. GEO-6 Key Messages [R]. 2019.

[4] UNEP. Global Environment Outlook 5 [R]. 2012.

新兴国家落实联合国2030年可持续发展议程进展：基于新兴11国的数据及分析[①]

文/汪万发　蒙天宇　蓝艳

新兴市场国家和发展中国家的崛起速度之快前所未有，全球治理体系与国际形势变化的不适应、不对称前所未有。[②]新兴国家正在为世界和平与发展做出越来越重要的贡献，并日益成为全球可持续发展事业的引领者。随着全球发展的深化，越来越多的新兴国家将走入世界舞台的中央。

国际力量对比深刻调整，国际社会面临的安全、发展、社会和环境等全球性挑战层出不穷。2015年，联合国可持续发展峰会的核心成果——联合国2030年可持续发展议程，提出协调推进经济增长、社会治理、环境保护三大目标，为全球发展描绘了新愿景，开启了可持续发展事业新纪元，为国家、区域和全球发展合作指明了方向。可持续发展是各方的最大利益契合点和最佳合作切入点，也是解决一系列全球性问题的"金钥匙"。

一、新兴国家是落实联合国2030年可持续发展议程的增长点

新兴经济体潜力大、增速高、人口多、市场巨大，已成为全球经济发展的重要增长点。可持续发展与诸多新兴经济体发展愿景和进程高度契合，得到众多国家的积极响应。此外，国际发展合作是新兴国家利益的重要支柱，可持续发展也是破解当今世界重大问题的基础。总体上看，全球正在积极推动联合国2030年可持续发展议程加速落实，新兴国家是落实联合国2030年可持续发展议程的增长点（表1～表3）。

2010年，博鳌亚洲论坛发布的《博鳌亚洲论坛新兴经济体发展2009年度报告》首次定义了"新兴11国"的概念，新兴11国是指G20中的11个新兴经济体——阿根廷、巴西、中国、印度、印度尼西亚、韩国、墨西哥、俄罗斯、沙特阿拉伯、南非和土耳其。金砖国家作为新兴市场国家和发展中国家合作的典范，也是新兴国家的主要代表。

[①] 本文曾刊于《环境与可持续发展》2020年第2期。

[②] 习近平主席在第23届圣彼得堡国际经济论坛全会上的致辞。http://www.xinhuanet.com/world/2019-06-08/c_1124596100.htm.

表 1　2016—2018 年新兴 11 国经济规模及份额变化情况

	2016 年			2017 年			2018 年		
	总量	增量	份额	总量	增量	份额	总量	增量	份额
新兴 11 国	223 566 亿美元	−284 亿美元	29.6%	244 816 亿美元	21 250 亿美元	30%	258 288 亿美元	12 472 亿美元	30.4%

注：2018 年的数据为估计值。

数据来源：国际货币基金组织（IMF），《世界经济展望》，2018 年 10 月，参见《博鳌亚洲论坛新兴经济体发展 2019 年度报告》。

表 2　2017 年和 2018 年新兴 11 国 GDP 总量排名榜

2017 年国际排名	2018 年国际排名	新兴 11 国	GDP/亿美元	
			2017 年	2018 年
2	2	中国	120 622.81	134 073.98
5	7	印度	26 522.45	27 167.46
8	9	巴西	20 532.08	18 681.84
11	11	俄罗斯	15 784.17	16 306.59
12	12	韩国	15 307.51	16 194.24
15	15	墨西哥	11 582.29	12 233.59
16	16	印度尼西亚	10 152.92	10 224.54
19	18	沙特阿拉伯	6 885.86	7 824.83
21	25	阿根廷	6 429.28	5 180.92
33	34	南非	3 494.33	3 681.35
38	37	马来西亚	3 147.08	3 543.48

数据来源：IMF，《世界经济展望》，2019 年 4 月。

表 3　2017 年和 2018 年新兴 11 国 GDP PPP 总量排名榜

2017 年国际排名	2018 年国际排名	新兴 11 国	GDP PPP/亿国际元	
			2017 年	2018 年
1	1	中国	231 898.98	252 700.66
3	3	印度	95 968.32	105 052.88
6	6	俄罗斯	40 265.32	42 134.03
8	7	印度尼西亚	32 496.33	34 947.37
7	8	巴西	32 549.20	33 653.43
11	11	墨西哥	24 640.06	25 698.06
13	13	土耳其	21 858.60	22 925.11
14	14	韩国	20 349.13	21 363.15
16	16	沙特阿拉伯	17 772.04	18 575.25
28	29	阿根廷	9 180.32	9 151.25
30	30	南非	7 659.88	7 894.23

数据来源：IMF，《世界经济展望》，2019 年 4 月。

全球热点问题此起彼伏，人类和平与发展面临许多共同挑战，发展赤字、和平赤字、信任赤字和治理赤字问题依然突出，新兴国家作为世界上重要的力量，在促进全球可持续发展、自由贸易、开放型经济等方面拥有广泛且重要的影响力。2019年，为契合国际社会的重大关切，"打造可持续发展议程"成为第23届圣彼得堡国际经济论坛这一新兴国家领导人会晤的重要主题。世界权势正在分散化、扁平化，新兴国家在推动全球治理方向、原则和方法等方面起到了引导和平衡的作用，部分具有系统重要性的新兴经济体在全球可持续发展事业中拥有关键性的影响力。

新兴国家和发展中国家对世界经济增长的贡献率已经达到80%。新兴国家的可持续发展将使全球发展的版图更加全面均衡，使世界和平的基础更为坚实稳固。新兴国家已经成为影响全球发展议程的重要力量，成为落实联合国2030年可持续发展议程中的引领性力量，特别是中国和印度人口之和约占全球人口的36%，这对以人为主体的联合国2030年可持续发展议程具有重大意义（表4）。①

表4 2018年新兴11国年中人口数量排行榜

排名	新兴11国	年中人口数量/10^3人	占全球人口比例/%
1	中国	1 392 730	18.339 2
2	印度	1 352 617	17.811 0
4	印度尼西亚	267 663	3.524 5
6	巴西	209 469	2.758 3
9	俄罗斯	144 478	1.902 5
11	墨西哥	126 191	1.661 7
18	土耳其	82 320	1.084 0
24	南非	57 780	0.760 8
27	韩国	51 635	0.679 9
32	阿根廷	44 495	0.585 9
41	沙特阿拉伯	33 700	0.443 8

数据来源：世界银行，2019年。

---

① 2018年金砖国家领导人第十次会晤发布的《金砖国家领导人第十次会晤约翰内斯堡宣言》，强调"重申致力于全面落实联合国2030年可持续发展议程，平衡推进经济、社会和环境三大领域的公平、包容、开放、全面、创新和可持续发展。我们支持联合国包括其可持续发展高级别政治论坛，在协调评估全球落实联合国2030年可持续发展议程方面发挥重要作用，有必要通过改革联合国发展系统增强支持会员国落实联合国2030年可持续发展议程的能力"。新华网.金砖国家领导人第十次会晤约翰内斯堡宣言[EB/OL]. [2018-07-27]. http://www.xinhuanet.com/2018-07/27/c_1123182948.htm.

二、新兴国家落实联合国 2030 年可持续发展议程的进展

联合国 2030 年可持续发展议程的核心是实现全球可持续发展目标，包含 17 项主要目标及 169 项具体目标，这些目标本身就是一个动态、多样和相互联系（促进或制约）的发展指标体系，如何基于全球性、统一性视角来监测、评估各国落实联合国 2030 年可持续发展议程对全球可持续发展极其重要。根据中国科学院 2019 年报告，目前大约只有 45%的可持续发展指标实现了既有方法又有数据，约 39%处于有方法无数据状态，还有多达 16%的可持续发展指标既没有统一的方法也没有统计数据。如果在这些方面不能尽快取得进展，联合国 2030 年可持续发展议程的落实必然会大打折扣。[①]

为评估各国可持续发展目标落实进程，联合国可持续发展行动网络（SDSN）自 2015 年以来每年都发布《可持续发展目标指数和指示板报告》（*SDG Index and Dashboards Report*），[②]该报告制定了一套用于评估国家实现可持续发展目标的标准，为 17 项可持续发展目标的每项目标建立一套具体指标，构建了联合国 2030 年可持续发展议程指数，并根据各国与联合国、世界银行集团等机构发布的数据对各国的联合国 2030 年可持续发展议程指数进行了测算与排名，这为国家与地区之间进行横向比较提供了可能性（表 5）。

表 5　新兴 11 国 2016 年在《可持续发展目标指数和指示板报告》中的分值和排名

国际排名	新兴 11 国	分值
27	韩国	72.7
43	阿根廷	66.8
47	俄罗斯	66.4
48	土耳其	66.1
52	巴西	64.4
56	墨西哥	63.4
76	中国	59.1
85	沙特阿拉伯	58.0
98	印度尼西亚	54.4
99	南非	53.8
110	印度	48.4

数据来源：2016 年联合国可持续发展行动网络发布的《可持续发展目标指数和指示板报告》。

---

① 中国科学院地球大数据科学工程. 地球大数据支撑可持续发展目标报告[R]. 2019.
② 2016 年 7 月，联合国可持续发展行动网络发布了全球报告《可持续发展目标指数和指示板报告》，这份报告由包括联合国官员、学术界人士、非营利机构代表在内的 150 多名专家共同研究撰写，旨在帮助各国了解全球范围内可持续发展目标的落实进度和本国在可持续发展目标落实进程中需要优先解决的问题，督促各国在本国范围内尽快出台并执行与可持续发展目标相符的政策。

以2030年可持续发展目标为代表的全球可持续发展更加强调可指标化、可比较和可量化的治理设计,这为全球共同推进可持续发展议程,深化交流和合作奠定了基础。

新兴国家2017年可持续发展目标指数总体上在全球排名中有所下降,就金砖国家而言,只有中国实现了提升,其余4国总体呈一定幅度下降趋势,结果显示出金砖国家落实联合国2030年可持续发展议程面临日益严峻的挑战。新兴国家2017—2019年在《可持续发展目标指数和指示板报告》中的分值和排名见表6~表8。

表6 新兴国家2017年在《可持续发展目标指数和指示板报告》中的分值和排名

国际排名	新兴国家	分值
31	韩国	75.5
41	阿根廷	72.5
56	巴西	69.5
58	墨西哥	69.1
62	俄罗斯	68.9
67	土耳其	68.5
71	中国	67.1
100	印度尼西亚	62.9
101	沙特阿拉伯	62.7
108	南非	61.2
116	印度	58.1

数据来源:2017年联合国可持续发展行动网络发布的《可持续发展目标指数和指示板报告》。

表7 新兴国家2018年在《可持续发展目标指数和指示板报告》中的分值和排名

国际排名	新兴国家	分值
19	韩国	77.4
53	阿根廷	70.3
54	中国	70.1
57	巴西	69.7
64	俄罗斯	68.9
79	土耳其	66.0
84	墨西哥	65.2
98	沙特阿拉伯	62.9
99	印度尼西亚	62.8
102	南非	60.8
118	印度	59.1

数据来源:2018年联合国可持续发展行动网络发布的《可持续发展目标指数和指示板报告》。

表 8　新兴国家 2019 年在《可持续发展目标指数和指示板报告》中的分值和排名

国际排名	新兴国家	分值
18	韩国	78.3
39	中国	73.2
45	阿根廷	72.4
54	越南	71.1
55	俄罗斯	70.9
57	巴西	70.6
78	墨西哥	68.5
98	沙特阿拉伯	64.8
102	印度尼西亚	64.2
113	南非	61.5
115	印度	61.1

数据来源：2019 年联合国可持续发展行动网络发布的《可持续发展目标指数和指示板报告》。

新兴国家形成落实联合国 2030 年可持续发展议程共同的认知与战略规划，协同开展可持续发展治理，特别是深化南南合作伙伴关系、优化南南合作平台等，可以为落实联合国 2030 年可持续发展议程注入重要动力。在落实联合国 2030 年可持续发展议程进程中，新兴国家面临资本和基础设施赤字、治理赤字、发展赤字等多方面困境。

根据全球国家在《可持续发展目标指数和指示板报告》中的排名，可持续发展目标落实进程居于领导性地位的是北欧国家，其中排名前 10 的国家分别是瑞典、丹麦、挪威、芬兰、瑞士、德国、奥地利、荷兰、冰岛、英国。此外，排名前 20 的均为高收入国家，世界上最贫穷的发展中国家排名垫底。①

三、新兴国家落实联合国 2030 年可持续发展议程总体分析

联合国 2030 年可持续发展议程主要围绕经济、社会和环境三大系统的可持续发展，与之对应的是经济治理、社会治理、环境治理和全球治理四大领域。新兴国家如何统筹推进经济治理、社会治理、环境治理和全球治理四大领域，将决定其落实联合国 2030 年可持续发展议程的实践框架和总体进展。根据联合国全球治理委员会的报告，治理是指各种公共的或私人的个人和机构管理共同事务的诸多方法的总和，是使相互冲突或不同的利益得以调和，并采取协同行动的持续过程，② 强调社会、政府、个人等多维度、多

---

① 汪万发，蓝艳，蒙天宇. OECD 国家落实联合国《2030 年可持续发展议程》进展分析及启示[J]. 环境保护，2019，47（14）：68-73.
② Commission on Global Governance. Our Global Neighbourhood：The Report of the Commission on Global Governance[M]. Oxford University Press，1995.

层级的协调、协商和协作。在全球治理深入变革的重要进程中，在国际社会迈向实现联合国 2030 年可持续发展议程的最后 10 年里，新兴国家落实联合国 2030 年可持续发展议程仍面临一系列挑战。

（一）经济治理领域

联合国 2030 年可持续发展议程提出的主要经济目标见表 9。

表 9　联合国 2030 年可持续发展议程提出的主要经济目标

序号	关键词
目标 7	经济适用的清洁能源
目标 8	体面工作和经济增长
目标 9	产业、创新和基础设施
目标 12	负责任消费和生产

新兴国家具有经济可持续发展的战略基础，主要表现为人力资源丰富、劳动力成本低，产业增长空间大、产业集聚规模强，工业化和信息化发展潜力大。随着第四次工业革命的深入推进，新兴国家迎来了"弯道超车"的历史机遇。2008 年全球金融危机以来，新兴国家之间的国际合作持续深化，协同发展趋势明显，对其可持续发展产生了重要的促进作用。

联合国 2030 年可持续发展议程旨在引导全球公私投资，应对可持续发展挑战，并通过确定高增长领域帮助企业开发创新解决方案。国家治理应该深化利益相关方关系、紧跟政策步伐。经济治理应深化以规则为基础的可持续发展，以汇聚合作伙伴的力量，发挥协同效应，共同应对全球最紧迫的挑战。

以金砖国家为例，金砖国家领导人多次会晤宣言都强调治理的作用。此外，金砖国家高度重视发展权利，强调发展权是联合国 2030 年可持续发展议程的核心，这为诸多国家治理问题的解决创造了基础。面对逆全球化思潮和贸易保护主义的抬头，以中国为代表的新兴国家呼吁推进更加包容互惠、更可持续的经济全球化，坚持多边贸易体制的核心价值和基本原则，为全球经济发展注入了强大的正能量。党的十八大以来，中国一直坚持创新、协调、绿色、开放、共享的新发展理念，这为我国总体上落实联合国 2030 年可持续发展议程奠定了经济发展和国家治理的根基。

（二）社会治理领域

联合国 2030 年可持续发展议程提出的主要社会目标见表 10。

表 10　联合国 2030 年可持续发展议程提出的主要社会目标

序号	关键词
目标 1	无贫穷
目标 2	零饥饿
目标 3	良好健康与福祉
目标 4	优质教育
目标 5	性别平等
目标 11	可持续城市和社区
目标 16	和平、正义与强大机构

政府、企业和社会等都是全球发展共同体中的重要主体，相辅相成，每个主体都有权利及义务来服务于全球可持续发展进程。落实联合国 2030 年可持续发展议程是国际社会面临的共同使命及责任，企业界特别是工商界和科技界，是支持和促进可持续发展的磅礴力量。企业也是实现联合国 2030 年可持续发展议程的重要合作伙伴。联合国 2030 年可持续发展议程致力于引导全球领先的公司以最大限度地减少负面影响，最大限度地对人类和地球产生积极影响的方式，展示其商业发展如何有助于推动可持续发展。联合国 2030 年可持续发展议程企业行动指南指出，世界各国政府早已经达成共识，批准了企业发展目标。目前，71%的企业已经在计划针对可持续发展目标开展合作。①尽早将联合国 2030 年可持续发展议程纳入企业的发展规划有助于使企业成为联合国 2030 年可持续发展议程的"领头羊"，也可以增加企业在同行中的品牌价值和竞争优势。

联合国可持续发展行动网络发布的年度《可持续发展目标指数和指示板报告》和欧盟统计局发布的《欧盟落实可持续发展目标监测报告》显示，发达国家一般有发达的信息数据系统，类似于以经济合作与发展组织（OECD）为代表的发展合作组织。在当今社会信息化时代，高质量的数据、统计服务可以为社会发展及治理提供重要支持。众多发展中国家在可持续发展数据管理、可持续发展指标评估等方面的能力普遍薄弱。新兴国家在快速发展进程中，应持续加强数据和信息化建设，化危为机，为新兴国家落实联合国 2030 年可持续发展议程奠定数据基础和提供信息支持。

新兴国家普遍面临老龄化的现实挑战，这对可持续发展造成较大束缚。按照 65 岁及以上人口占全部人口比例超过 7%即为老龄化社会的国际标准来看，2018 年俄罗斯（14.6%）、中国（11.3%）、巴西（8.9%）均处于老龄化社会，印度（6.3%）、南非（5.5%）和沙特阿拉伯（3.5%）的年龄结构相对年轻。从老龄化增速来看，中国和俄罗斯 65 岁及以上人口占比提升较快，2018 年较 2017 年分别提升了 0.55 个和 0.44 个百分点。②新兴国家快速崛起离不开丰富的人力资源，联合国 2030 年可持续发展议程也将以人为本作为一个核心贯

---

① 胡文娟. 联合国亚太经社会执行秘书：71%的企业已计划就可持续发展目标开展合作[J]. WTO 经济导刊, 2017（3）: 13.
② 博鳌亚洲论坛新兴经济体发展 2017 年度报告[EB/OL]. [2017-03-28]. http://www.boaoforum.org/xxjjt/31119.jhtml.

彻于全过程和诸多目标，新兴国家需要不断维护好、发展好人力、人才等相关资本，将落实联合国 2030 年可持续发展议程推向一个新的高度。此外，新兴国家将人民根本利益纳入落实联合国 2030 年可持续发展议程的核心，推动全球可持续发展朝着正确方向迈进。

社会治理是一个综合的、系统的复杂工程。一直以来，中国坚持深化社会治理改革，坚持共同富裕，特别是 2012 年以来连续 6 年年均减贫超过 1 300 万人，对全球减贫贡献累计超过 70%，[①]提前 10 年实现第 1 项可持续发展目标，为联合国 2030 年可持续发展议程的广泛落实创造了良好条件。

（三）环境治理领域

联合国 2030 年可持续发展议程提出的主要环境治理目标见表 11。

表 11　联合国 2030 年可持续发展议程提出的主要环境治理目标

序号	关键词
目标 6	清洁饮水和卫生设施
目标 13	气候行动
目标 14	水下生物
目标 15	陆地生物

环境治理具有重要的现实意义，良好的环境治理是落实和提升联合国 2030 年可持续发展议程的关键要素之一。对于新兴国家，环境治理和经济发展之间的矛盾较为显著，在加速现代化阶段的时代进程中，新兴国家生态环境保护、应对气候变化等普遍面临较大的压力。

新兴国家在较快发展的历史进程中，对全球资源的依赖程度较高。联合国环境规划署和全球资源委员会 2019 年联合发布的《全球资源展望》中的数据显示，建设新的基础设施带来的原料开采量的日益增加，越来越多地归因于新兴工业化经济体的发展。[②]

环境问题与可持续发展直接相关。新兴国家积极建立环境保护价值体系，政府应鼓励企业走绿色发展的道路，鼓励企业采用最佳环境保护实践。工商业应塑造环境保护的共同价值观，强化企业社会责任，引导企业朝着可持续发展方向发展。应该建立涵盖企业、政府和个人的多主体共同参与的环境治理模式，这是落实联合国 2030 年可持续发展议程的新增长点。目前，越来越多的企业认识到可持续发展的重要性，这是未来全球可持续发展的新动力。例如，一个由多个从事区块链技术的组织共同成立的气候链联盟（CCC），致力于通过区块链技术应对气候变化，气候链联盟作为一个开放的全球性倡议将促进国际气候治理合作。气候变化是全球可持续发展和人类未来面临的共同难题，新兴国家普遍较为重视气候变化问题，都在采取积极地应对气候变化的行动，妥善平衡环

---

① 中华人民共和国外交部. 中国落实 2030 年可持续发展议程进展报告（2019）[R]. 2019.
② UNEP. Global Resources Outlook 2019[R].2019.

境保护和应对气候变化的关系。

中国近年来在联合国 2030 年可持续发展议程落实方面取得了较好成绩和较大进步，其中环境治理占据重要部分。中国注重与联合国 2030 年可持续发展议程对接，在发展中强调生态文明理念，为落实联合国 2030 年可持续发展议程提供了新动力。

（四）全球治理领域

联合国 2030 年可持续发展议程提出的主要全球治理目标见表 12。

表 12　联合国 2030 年可持续发展议程提出的主要全球治理目标

序号	关键词
目标 10	减少不平等
目标 17	促进目标实现的伙伴关系

近年来，新兴国家和新兴经济体群体性崛起、亚非拉经济板块性崛起，动摇了西方主导的国际经济格局，改变了国际权力关系。[①]大国的实力对比出现新的大变化，国家发展速度和战略预期显著不同。全球经济治理的变革动力植根于全球经济力量、结构和关系的深刻变化。世界银行研究报告预测，2050 年 GDP 排名前 10 位的国家分别是中国、美国、印度、巴西、墨西哥、俄罗斯、印度尼西亚、日本、英国和德国。[②]全球治理正处于变革的十字路口，和平赤字、治理赤字和发展赤字成为全人类面临的共同挑战。随着特朗普政府时期在全球治理方面展现出的美国优先理念和单边主义政策，特别是其退出《巴黎协定》等关于全球环境与可持续发展的重大议题，导致全球治理面临诸多新困境。

"冷战"结束以后，随着经济全球化的深入，其带来的利益分配不均引发了部分国家国内不满情绪的外溢。一些原有的国际经济秩序和规则越来越难以适应新的形势。在新形势下，国际贸易可以成为环境保护的新兴选项，政府需要加强全球贸易治理，使绿色贸易成为全球环境治理的新方式。通过绿色发展和鼓励工商业采取更加可持续性措施，可以使国际贸易朝着更加科学的方向发展。

在全球治理领域需要坚持共商、共建、共享理念，构建人类命运共同体，通过密切对话和通力合作夯实可持续发展基础，推动全球治理与联合国 2030 年可持续发展议程协同共进。新兴国家持续加强在联合国、世界贸易组织、二十国集团等多边事务中的合作，为国际社会贡献更多新兴国家方案，使全球治理领域的新兴国家角色发挥更大作用。党的十八大以来，中国秉持共商、共建、共享的全球治理观，支持和扩大新兴国家等在国

---

① Stephen，MD. Emerging Powers and Emerging Trends in Global Governance[J]. Global Governance，2017，23（3）：483-502.
② World Bank Group. Global Economic Prospects[R]. 2017.

际事务中的代表权和发言权,推动共建人类命运共同体,在推动全球治理朝着更加公平、合理的方向发展方面发挥了重要作用。

四、对新兴国家深化落实联合国 2030 年可持续发展议程的思考

进入 21 世纪以来,特别是 2008 年全球金融危机以来,通过不断探索实践经济发展和国家治理、国际合作和全球治理路径,新兴国家不仅为全球可持续发展事业做出了卓越的贡献,推动了发展中国家群体落实联合国 2030 年可持续发展议程,而且充分发挥了发达国家与发展中国家间的桥梁作用,深化了全球可持续发展伙伴关系,推动了新兴国家自身高质量发展和落实联合国 2030 年可持续发展议程的协同。新兴国家在落实联合国 2030 年可持续发展议程进程中面临相似的难题,也有共同的诉求和关切,国家之间需进一步加强交流和合作,优化实践路径。

(一)深化新兴国家间协同协作,共同推进联合国 2030 年可持续发展议程的落实,打造落实联合国 2030 年可持续发展议程的伙伴关系

新兴国家应开展更为广泛的政策交流,加强构建符合新兴国家诉求的可持续发展框架,在落实联合国 2030 年可持续发展议程的进程中占据有利地位。新兴国家之间存在较多相似点、面临相似的发展机遇和挑战,深化建设以人类命运共同体为核心的落实联合国 2030 年可持续发展议程伙伴关系具有现实基础和客观要求。

自 2015 年以来,中国政府相继发布了《落实 2030 年可持续发展议程中方立场文件》《中国落实 2030 年可持续发展议程国别方案》《中国落实 2030 年可持续发展议程进展报告(2017)》《中国落实 2030 年可持续发展议程进展报告(2019)》等,积极阐释了中国的理念和方案,为促进国际发展合作贡献了中国智慧与中国经验。中国积极维护以联合国为核心的国际体系,深度参与国际发展合作。各国在落实联合国 2030 年可持续发展议程进程中都面临不少共同性、区域性和关联性挑战,都应积极借鉴他国有效的经验做法,取长补短,在全球治理方面加强协商协作,深化共商、共建、共享的伙伴关系。同时,依托现有机制,加强南南合作,打造落实联合国 2030 年可持续发展议程伙伴关系,巩固更具包容性的可持续发展态势。

(二)协调经济治理、社会治理、环境治理和全球治理的关系,加强落实可持续发展目标的协作性,发挥全球环境治理和气候治理等对落实联合国 2030 年可持续发展议程的引领作用

新兴国家需要善于把握可持续发展目标之间的关系,科学地将 17 项目标和 169 项子

目标按工作领域分解到各部门，统筹规划，总体性落实 2030 年可持续发展目标；加强识别可持续发展目标的先后、主次的内在关系能最大限度地在协调经济治理、社会治理、环境治理和全球治理的复杂关系时发挥作用。充分发挥环境对高质量发展的引领和协同作用，生态环境保护是推动高质量发展和绿色转型的重要手段。新兴国家经济已由高速增长阶段转向高质量发展阶段，需要实现环境效益、经济效益、社会效益、外部效益等相统一，为推动经济高质量发展提供有力支撑。坚持分类施策，充分考虑不同国家、不同部门、不同领域的差异性，统筹兼顾，着力体现落实联合国 2030 年可持续发展议程的科学性、平衡性和执行的公平性。加强可持续基础设施建设，加强新开发银行、亚洲基础设施投资银行等对成员国和其他新兴国家提供可持续性基础设施和项目建设的绿色投融资，不仅有利于我国在南南合作中发挥更加重要的作用，而且有利于新兴国家在全球可持续发展领域扮演更加重要的角色。

（三）共建 "一带一路" 突出可持续和高质量发展，是推动新兴国家落实联合国 2030 年可持续发展议程的新增长点

联合国 2030 年可持续发展议程是国际社会各方的最大利益契合点和最佳合作切入点，"一带一路" 倡议已经成为全球最大的发展倡议之一，联合国 2030 年可持续发展议程与共建 "一带一路" 的协同推进日益重要。"一带一路" 倡议为新兴国家国际发展提供了广阔的政策、设施、贸易、资金、民心等领域的交流与合作平台，"一带一路" 倡议是落实联合国 2030 年可持续发展议程的重要推动者，可加强在共建 "一带一路" 框架下突出可持续发展和高质量发展。中国作为新兴国家中落实联合国 2030 年可持续发展议程最到位的国家之一，可以在共建 "一带一路" 框架下加强与新兴国家和发展中国家分享落实联合国 2030 年可持续发展议程的先进理念、实践经验和方案等。

以人工智能、大数据为代表的第四次工业革命催生了大量新业态，正在重塑全球可持续发展，给人类生产和生活方式带来了新变化。企业是 "一带一路" 国际合作的基础性主体，联合国 2030 年可持续发展议程为企业参与解决社会问题提供了一份细致的时间表和路线图。新兴国家的企业可以在绿色 "一带一路" 框架下加强合作，提升各国企业在落实联合国 2030 年可持续发展议程进程中高质量、绿色发展的引领性，加强绿色 "一带一路" 与联合国 2030 年可持续发展议程的协同。在联合国 2030 年可持续发展议程框架下，深化新兴国家合作、南南合作，探讨进一步协调立场，深化共识，共商共建，将为新兴国家落实联合国 2030 年可持续发展议程做出新的重大贡献和示范效应。

OECD 国家落实 2030 年可持续发展议程进展分析及启示[①]

文/汪万发 蓝艳 蒙天宇

联合国 2030 年可持续发展议程提出以来,得到了国际社会的积极响应,在全球形成了积极落实联合国 2030 年可持续发展议程的强劲势头,同时也面临落实不力等诸多困境。经济合作与发展组织(OECD)中的国家大多为高收入国家和发达国家,在落实联合国 2030 年可持续发展议程中处于领先地位,OECD 国家诸多发展经验和教训值得我国思考与借鉴。

一、OECD 国家积极落实联合国 2030 年可持续发展议程

OECD 的前身是 1948 年西欧 10 余个国家成立的欧洲经济合作组织,于 1961 年正式成立,旨在分享全球化机遇和共同应对全球化带来的经济、社会和全球治理等挑战。[②] OECD 成员国家遍布全球,主要包括世界上最发达的国家,也涵盖极少数新兴国家,如墨西哥和土耳其。OECD 致力于构建一个更强大、更清洁和更公平的世界,这与联合国 2030 年可持续发展议程基本一致。与此同时,OECD 也在不断深化与发展中国家的关系,2007 年,OECD 理事会部长级会议邀请 OECD 秘书处加强与巴西、印度、印度尼西亚、中国和南非之间的合作,并发起"加强交流"(Enhanced Engagement)项目,OECD 中的这些发达国家和发展中国家的合作伙伴关系将会积极推动全球可持续发展工作向前开展。

根据国际货币基金组织 2018 年 10 月发布的《世界经济展望》(*World Economic Outlook*),

---

① 本文曾刊于《环境保护》2019 年第 14 期,略有删改。
② OECD 创始成员国家有美国、英国、法国、德国、意大利、加拿大、爱尔兰、荷兰、比利时、卢森堡、奥地利、瑞士、挪威、冰岛、丹麦、瑞典、西班牙、葡萄牙、希腊、土耳其;随后陆续加入的国家有 1964 年日本、1969 年芬兰、1971 年澳大利亚、1973 年新西兰、1994 年墨西哥、1995 年捷克、1996 年匈牙利、1996 年波兰、1996 年韩国、2000 年斯洛伐克、2010 年智利、2010 年斯洛文尼亚、2010 年爱沙尼亚、2010 年以色列、2016 年拉脱维亚、2018 年立陶宛(截至 2019 年 5 月 25 日)。

美国是全球最大经济体，中国位列第 2（表 1）。对于全球经济发展的预计，《世界经济展望》在 2019 年 1 月的文件中下调了对 2019 年及 2020 年的 GDP 增速预测，且对未来经济表现的预测整体上较为悲观。OECD 国家 GDP 在全球 GDP 中的占比越来越小。OECD 国家 GDP 总和在 2000 年约占全球 GDP 的 70%，2010 年约为 55%，据预测，到 2060 年将下降至约 40%。

表 1　2018 年世界主要国家 GDP、人均 GDP 排行榜

国际排名	国家	GDP/万亿美元	人均 GDP/10^3 美元	OECD 国家
1	美国	21.48	65.06	是
2	中国	14.17	10.10	否
3	日本	5.22	41.42	是
4	德国	4.12	49.69	是
5	印度	2.96	2.19	否
6	法国	2.84	43.50	是
7	英国	2.81	42.04	是
8	意大利	2.11	34.78	是
9	巴西	1.93	9.160	否
10	加拿大	1.82	48.60	是

数据来源：国际货币基金组织于 2018 年 10 月发布的《世界经济展望》和 2019 年 1 月发布的《世界经济展望》。

（一）2018 年 OECD 国家落实联合国 2030 年可持续发展议程基本情况

2015 年全球 193 个国家在联合国可持续发展峰会上通过了《变革我们的世界——2030 年可持续发展议程》（*Transforming Our World：The 2030 Agenda for Sustainable Development*），提出 17 项主要可持续发展目标（SDGs），为未来全球发展事业奠定了基础。[①] 联合国 2030 年可持续发展议程主要涉及可持续发展的社会、经济和环境三个方面，落实联合国 2030

---

① 目标 1：无贫穷（在全世界消除一切形式的贫困）；目标 2：零饥饿（消除饥饿，实现粮食安全，改善营养状况和促进可持续农业）；目标 3：良好健康与福祉（确保健康的生活方式，促进各年龄段人群的福祉）；目标 4：优质教育（确保包容和公平的优质教育，让全民终身有学习机会）；目标 5：性别平等（实现性别平等，增强所有妇女和女童的权能）；目标 6：清洁饮水和卫生设施（为所有人提供水和环境卫生并对其进行可持续管理）；目标 7：经济适用的清洁能源（确保人人获得负担得起的、可靠和可持续的现代能源）；目标 8：体面工作和经济增长（促进持久、包容和可持续经济增长，促进充分的生产性就业和人人获得体面工作）；目标 9：产业、创新和基础设施（建造具备抵御灾害能力的基础设施，促进具有包容性的可持续工业化，推动创新）；目标 10：减少不平等（减少国家内部和国家之间的不平等）；目标 11：可持续城市和社区（建设包容、安全、有抵御灾害能力和可持续的城市和人类住区）；目标 12：负责任消费和生产（采用可持续的消费和生产模式）；目标 13：气候行动（采取紧急行动应对气候变化及其影响）；目标 14：水下生物（保护和可持续利用海洋和海洋资源以促进可持续发展）；目标 15：陆地生物（保护、恢复和促进可持续利用陆地生态系统，可持续管理森林，防治荒漠化，制止和扭转土地退化，遏制生物多样性的丧失）；目标 16：和平、正义与强大机构（创建和平、包容的社会以促进可持续发展，让所有人都能诉诸司法，在各级建立有效、负责和包容的机构）；目标 17：促进目标实现的伙伴关系（加强执行手段，重振可持续发展全球伙伴关系）。

年可持续发展议程是国家、区域和全球层面的重要议题。联合国 2030 年可持续发展议程
及其提出的可持续发展目标包含两个亮点：一是更加强调共同性的发展，将发展中国家
放在更加重要的位置上；二是更具综合性，强调经济、环境和社会治理的协作。

尽管联合国可持续发展解决方案网络（SDSN）《可持续发展目标指数和指示板报告》
（*SDG Index and Dashboards Report*）指标体系存在一定的局限性，但仍是全球范围内较为
认可的了解各国实现可持续发展目标现状的依据，并为各国、地区之间进行横向比较提
供了可能性（表 2）。联合国可持续发展解决方案网络的所有工作都致力于支持全球落实
联合国 2030 年可持续发展议程，包括关于全球气候变化的《巴黎协定》（*Paris Agreement*）。

表 2　2018 年 OECD 国家在《可持续发展目标指数和指示板报告》中的分值和排名[1]

OECD 国家	分值	国际排名
瑞典	84.983 892 14	1
丹麦	84.608 247 32	2
芬兰	82.998 732 12	3
德国	82.284 100 45	4
法国	81.218 437 65	5
挪威	81.171 534 83	6
瑞士	80.092 852 74	7
斯洛文尼亚	79.979 576 14	8
奥地利	79.953 619 68	9
冰岛	79.747 610 65	10
荷兰	79.468 557 31	11
比利时	79.000 740 58	12
捷克	78.723 282 38	13
英国	78.668 174 09	14
日本	78.521 350 16	15
爱沙尼亚	78.315 705 91	16
新西兰	77.860 314 89	17
爱尔兰	77.470 472 15	18
韩国	77.405 206 84	19
加拿大	76.794 907 93	20
卢森堡	76.091 355 71	22
斯洛伐克	75.596 805 56	24
西班牙	75.424 588 50	25
匈牙利	74.956 526 52	26
拉脱维亚	74.746 995 96	27

[1] 2016 年和 2017 年数据总体类似 2018 年的数据。

OECD 国家	分值	国际排名
意大利	74.212 259 79	29
葡萄牙	74.025 398 88	31
波兰	73.673 036 53	32
美国	73.049 647 2	35
澳大利亚	72.888 941 43	37
智利	72.791 514 73	38
以色列	71.849 847 26	41
希腊	70.642 451 91	48
土耳其	65.959 364 75	79
墨西哥	65.210 603 79	84

数据来源：*SDG Index and Dashboards Report* 2018.

（二）OECD 国家落实联合国 2030 年可持续发展议程进展分析

（1）OECD 国家落实议程的领先性。《可持续发展目标指数和指示板报告》中排名前 20 的国家均为 OECD 国家，这直接表明了 OECD 国家在落实联合国 2030 年可持续发展议程上的领先地位。纵览全球国家排名，可持续发展目标指数排名前 10 的国家是瑞典、丹麦、挪威、芬兰、瑞士、德国、奥地利、荷兰、冰岛、英国，西欧国家在《可持续发展目标指数和指示板报告》分值排名上占据领导地位。瑞典 2018 年可持续发展目标总指数分值约为 85，位列全球第 1。[1]OECD 国家整体上属于高收入国家与发达国家，经济基础雄厚，人均 GDP 远远高于发展中国家；OECD 国家的普遍特征是拥有较高的人类发展指数、人均国民生产总值、生活品质和社会治理水平。此外，OECD 国家大多走过了"先污染，后治理"的发展道路，现已设定了严格的环境标准，生态环境整体优良；OECD 国家的治理能力较为成熟，其社会治理、国家治理和全球治理均走在全球前列。

（2）OECD 国家经济、环境、社会发展的平衡性。OECD 国家普遍认识到全面、平衡、协调推进可持续发展的经济、社会、环境三大领域的重要性，需持续解决存在的问题，并加强可持续发展能力建设和国际合作等。OECD 国家凭借其科学技术优势、人才优势和治理优势等强项，具有较强的能力和扎实的基础，特别是 OCED 国家间发达的信息交流和科学研究网络，为解决落实联合国 2030 年可持续发展议程进程中面临的各项难题创造了良好条件。OECD 国家正在加强国际合作，通过促进协调世界所面临的经济、社会、环境挑战，加快联合研究并克服技术性工作与政策性工作间的脱节，逐步将可持续发展目标框架纳入 OECD 的日常考核工作。

---

① 17 项可持续发展目标的优先行动事项中可持续城市、健康医疗、清洁能源等 10 项已经实现或将按计划早于 2030 年实现；教育质量、社会公平等事项成为较为明显的现实挑战。

（3）OECD 国家可持续发展与国家总体战略的对接性。OECD 国家普遍将落实联合国 2030 年可持续发展议程应用于 OECD 成员国的发展战略和政策中。可持续发展目标是 OECD 国家很多重点工作开展的时代背景，也是 OECD 各委员会工作方案的演变框架。OECD 鼓励成员国为执行联合国 2030 年可持续发展议程做出贡献，深化创新战略、绿色增长战略和国际合作等。在国内打造实现联合国 2030 年可持续发展议程的政策环境，协调各种其他政策以支持联合国 2030 年可持续发展议程，提升落实联合国 2030 年可持续发展议程的理念和意识，包括探讨在 OECD 经济展望中处理可持续发展目标的办法，争取实现绿色增长，这些举措越来越多地反映了多维的发展战略。

（4）OECD 国家落实可持续发展议程与国际社会的伙伴性。OECD 国家建构了较为完善的落实联合国 2030 年可持续发展议程伙伴关系。OECD 国家积极打造国内共同推进联合国 2030 年可持续发展议程的伙伴关系，与企业、智库和研究单位等密切合作，这是实现联合国 2030 年可持续发展议程的重要因素。可持续发展解决方案网络同联合国机构、多边融资机构、私营部门、民间社会等紧密合作。OECD 国家凭借资本、人才和技术等优势，其主导的"有效发展合作的全球伙伴关系"（Global Partnership for Effective Development Cooperation）将推进全球发展伙伴关系的深化发展，不仅可以助力其成员国间的交流，而且可以深化与发展中国家之间的国际合作。OECD 国家也与公民社会保持密切的合作，如非政府组织、智库和学术界等，在交换理念、分享知识和建立联系网络等方面做出了较为突出的贡献。目前尚未有任何一个 OECD 国家实现所有联合国 2030 年可持续发展议程，所有 OECD 国家都需要深化改革教育、卫生、能源、城市发展等领域，需要持续研究可持续发展工作的优先事项并创新工作方式。

二、OECD 国家落实联合国 2030 年可持续发展议程面临的重要挑战

根据 OECD 国家近年来的发展状况，以及 OECD 国家在《可持续发展目标指数和指示板报告》中分值的全球排名，可以发现 OECD 国家在落实联合国 2030 年可持续发展议程上面临诸多重大和紧迫挑战，这些挑战不仅可对 OECD 国家产生重大不利影响，而且可对全球其他国家，特别是对发展中国家造成诸多负外部性影响。

（一）贸易保护主义在全球范围内涌现，发达经济体是全球贸易保护主义的主要推手，落实联合国 2030 年可持续发展议程受到重要阻碍

近年来，不仅传统贸易保护措施和新型贸易保护措施有增无减，部分大国还发起一系列的单边主义和保护主义行动，并对外挑起贸易摩擦，造成全球贸易环境迅速恶化。

根据《新兴经济体发展 2019 年度报告》(*Development of Emerging Economies Annual Report 2019*),通过对英国经济政策研究中心(CEPR)全球贸易预警数据库中 2009—2018 年各国贸易保护措施及其新增贸易保护主义措施进行的分析可知,发达经济体是全球贸易保护主义的主要推手。2017 年 11 月,欧盟委员会、欧洲议会及其成员国终于就反倾销调查新方法修正案达成一致,将对非欧盟国家反倾销调查引入市场严重扭曲(Significant Market Distortions)概念和标准,其本质依然是贸易保护主义。全球贸易环境动荡期和新兴国家经济面临来自发达国家的负面影响,这将整体削弱全球总体可持续发展能力。近年来,美国的全球贸易保护主义日渐抬头,其出台的报复性关税和贸易政策所产生的经济影响高达 4 300 亿美元,如果贸易保护政策持续升级,将给全球经济带来不可逆转的损害。在经济全球化时代,各国利益休戚与共,应把构建人类命运共同体放在更加优先的位置上,防止对联合国 2030 年可持续发展议程进程构成整体性的挑战。

(二)民粹主义在西方发达经济体兴起,公平、包容与和平等联合国 2030 年可持续发展议程的核心价值观被弱化

2016 年全球最大对冲基金——桥水基金(Bridgewater)发布一份关于民粹主义的重要报告,称其为当今世界最重要的问题,民粹主义对西方经济体产生了深刻的负面影响,也将对国际关系、世界经济产生不利影响。民粹主义更像情绪的宣泄,而非负责任的治国方略和可持续发展之道。民粹主义削弱了全球治理的正当性,以至于当局把希望寄托在民粹主义和保护主义下经济的飞速增长上,这实际上限制了以公平、包容与和平等为核心内涵的联合国 2030 年可持续发展议程的落实。民粹主义在西方发达经济体兴起,倘若决策者被民众情绪左右,则会导致全球治理陷入困境,经长期积累可能引发全球"经济崩垮"的巨大危机,制造"全球分裂"的可能。2019 年 3 月,欧盟委员会和欧盟外交与安全政策高级代表为欧盟国家元首或政府首脑提出《欧中战略前景报告》(*EU-China Strategic Outlook*),其中涵盖了多项具体的行动计划以及欧方对中欧关系的整体论断——中国是追求技术领导者地位的经济竞争对手,也是促进不同治理模式的全面的或系统的竞争性对手(Systemic Rival),以期在之后召开的欧洲理事会上进行讨论和批准,欧中关系成为本次欧洲理事会的重要议题,这显示出欧洲的民粹主义、贸易保护主义等继续上升。

(三)OECD 国家国内经济不平等问题依然严峻,也存在较为严重的不充分、不平衡的可持续发展问题

民众关心的远远不止收入和财富的下滑,更关注收入和经济地位的越发不平等,国家间收入不平等也已累积到了前所未有的程度。伴随经济全球化,全球分工与贸易收益

远未普惠于大众，全球资本和金融收入远远高于普通劳动收入的态势更加明显。发展中国家在全球价值链内的中低端位置不断固化，发达国家内部利益受到全球化冲击的群体没有得到相应补偿，因收入差距和战乱引起的人口从穷国向富国的流动，这一系列困境加剧了实现可持续发展的难度。纵观近现代国际关系史，国家内部因素如果处理不好，很有可能外溢变成国际问题。内部爆发的危机，最终将引发国际性或者全球性的冲突，损害他国合法利益。经济不平等是导致国内阶级固化和冲突加剧的重要因素，这不仅是国家治理的顽疾，也是落实联合国2030年可持续发展议程应重点关注的问题。

瑞典、丹麦和芬兰这3个北欧国家在《可持续发展目标指数和指示板报告》分值排行榜上名列前茅，但这3个国家在实现联合国2030年可持续发展议程中仍面临重大挑战。例如，瑞典在可持续消费和生产以及温室气体排放方面得分最高，虽然在实现这些目标方面正在取得进展，但还没有走上实现气候安全或使土地利用和粮食系统可持续发展的轨道。许多OECD国家在"不让任何人掉队"（Leave No One Behind）的几个衡量标准上均表现不佳，具体而言，对联合国2030年可持续发展议程的目标3"确保健康的生活方式、促进各年龄段人群的福祉"，OECD国家中共有9个国家基本实现，17个国家依然存在挑战，9个国家仍然存在重大挑战；对目标4"确保包容和公平的优质教育，让全民终身享有学习机会"，OECD国家中共有8个国家基本实现，20个国家依然存在挑战，7个国家依然存在重大挑战。[①]

（四）部分OECD国家对全球可持续发展进程产生了较大的负面溢出效应，破坏了其他国家实现可持续发展目标的努力

在近几年的《可持续发展目标指数和指示板报告》中，纳入溢出指标大大拉低了一些富裕国家的联合国2030年可持续发展议程指数评分。"税收天堂""垃圾出口"等对其他国家的安全、经济和环境后果产生不利影响。例如，部分发达国家将高污染的工业、固体废物垃圾等转移到发展中国家，严重破坏了发展中国家的生态环境，也显著破坏了部分发展中国家在落实联合国2030年可持续发展议程中的努力。尤其对于欠发达国家，受到经济水平、认知能力等多方面限制，其对自身的发展规划还未清晰，如果发达国家利用其自身优势，无视发展中国家利益，这将严重损害发展中国家利益和人类共同利益。

世界上最贫穷的国家往往排名垫底，是联合国2030年可持续发展议程指数排名的一个事实。对于这些国家而言，要实现联合国2030年可持续发展议程普遍面临着严峻的、多样的挑战，如治理赤字、发展赤字和生态环境问题等。此外，对于发展中国家代表的金砖国家而言，从《可持续发展目标指数和指示板报告》来看，金砖国家的总体排名处

---

① 非OECD国家没有这样的可比数据，这再次说明迫切需要增加对数据系统建设的投资。

于全球中等偏下水平，巴西、俄罗斯和印度 3 年内排名连续下降，金砖国家落实联合国 2030 年可持续发展议程也面临着日益严峻的挑战。

三、OECD 国家落实联合国 2030 年可持续发展议程进程的启示

根据 2018 年度《可持续发展目标指数和指示板报告》数据，我国可持续发展目标总指数分值为 70.1 分，全球排名第 54，相较于 2017 年全球得分和排名（得分 67.1 分，第 71 名）进步迅速，其中在环境治理、健康医疗、清洁能源等事业上取得的较大进步，对排名提升产生了积极影响。

（一）努力促进经济、环境与社会的协调性发展，走出一条平衡的可持续发展道路

我国在全球经济中的影响力不断攀升，在全球治理中的地位日益上升，需要不断深化对环境发展和社会治理的认知，推进经济、环境与社会的协调性发展。统筹兼顾，着力体现落实联合国 2030 年可持续发展议程的科学性和执行的协同性。我国经济已由高速增长阶段转向高质量发展阶段，需要实现环境效益、经济效益和社会效益之间的统筹兼顾，为推动经济高质量发展提供有力支撑。党的十八大以来，我国的可持续发展事业取得了重要成就，共建人类命运共同体与"一带一路"倡议持续推进，中国智慧和中国力量在落实联合国 2030 年可持续发展议程中发挥了重要作用，坚持高质量发展，持续提升发展质量和能力，走出一条高质量的可持续发展道路，为落实联合国 2030 年可持续发展议程做出中国贡献。此外，加强履行《巴黎协定》，积极应对全球气候变化，协同推动经济高质量发展和生态环境高水平保护将推动联合国 2030 年可持续发展议程的不断进步。

（二）不断推动更加平衡和充分的可持续发展，防止贫富分化，走出一条更加包容的可持续发展道路

部分 OECD 国家存在较为严重的贫富分化问题，这成为一个普遍性的现实挑战，我国需要不断推动更加平衡和充分的可持续发展，努力克服区域发展不平衡的难题。相较于我国的经济总量和经济增速，我国经济的核心竞争力持续提升，未来应更加重视社会公平建设和扶贫领域的工作，这可以显著推进我国在落实联合国 2030 年可持续发展议程中的进展，也有利于我国走向更加均衡的、包容的可持续发展道路。根据 2015—2018 年全球落实联合国 2030 年可持续发展议程的指数排名，我国可持续发展呈较快上升趋势，在绿色发展、环境治理领域取得显著提升，国家发展也更加符合可持续发展的核心理念和根本要求。

（三）引导诸多行为主体参与国家落实联合国 2030 年可持续发展议程，提升企业、智库的伙伴性作用

企业是落实联合国 2030 年可持续发展议程的重要主体，是经济发展、环境保护的重要关联者。智库是学术沟通、政策交流和经验传播的重要先锋，加强智库建设并提升智库的作用是服务国家落实联合国 2030 年可持续发展议程的重要环节。面对日益严重和广泛的全球性环境问题，以经济、环境和社会三个维度组成的联合国 2030 年可持续发展议程对全球环境治理提出了更高的要求，多行为主体共同参与环境管理对塑造全球环境治理伙伴关系、全球可持续发展伙伴关系和深化国际合作有重大意义，这是落实联合国 2030 年可持续发展议程的新增长点。例如，在当前世界多极化、经济全球化、文化多样化和社会信息化，以及共建"一带一路"的时代背景下，中国的海外投资建设项目日益注重和善于环境管理，重视可持续发展和企业社会责任，越来越多的企业认识到联合国 2030 年可持续发展议程的重要性，越来越多的智库及智库联盟开始在可持续发展事业上建言献策，这是未来全球可持续发展的新动力。

（四）加强与以 OECD 国家为代表的发达国家的交流合作，提升中国国家治理能力和全球治理能力，走向良治、善治的可持续发展道路

OECD 国家拥有丰富的专业知识、发展数据和最佳实践等，中国可加强与 OECD 国家在联合国 2030 年可持续发展议程中的数据收集、科学研究和最佳案例分享等领域的国际合作。此外，落实联合国 2030 年可持续发展议程首要依托各国的自身贡献，目前在全球范围内落实联合国 2030 年可持续发展议程并应用于各国、各部门和各行业的趋势方兴未艾，国家和区域对可持续发展议程的讨论日趋激烈、意识日渐增长，其中的落脚点就是治理能力。中国可以在落实联合国 2030 年可持续发展议程框架下，加强全球性互联互通，特别是与 OECD 国家的合作，同时加强南南合作，让发展中国家更好地落实联合国 2030 年可持续发展议程，共同走向良治、善治的可持续发展道路。推动 OECD 国家持续和更好地履行援助责任，提升发展中国家的研发投入，为可持续发展奠定基础。中国秉持共商、共建、共享的全球治理观，为全球可持续发展提供更多确定性，为践行联合国 2030 年可持续发展议程注入更多的正能量。

四、结语

OECD 国家和中国作为世界上重要的力量，在促进全球可持续发展、自由贸易、开放型经济等方面拥有广泛利益。在全球形成了积极落实联合国 2030 年可持续发展议程的

强劲势头,在OECD国家处于落实联合国2030年可持续发展议程居于领导地位的形势下,OECD 在发展进程中的得失值得后发国家借鉴。我国致力于在全球治理、可持续发展和气候变化等方面成为全球新兴的重要角色,需要加强与 OECD 国家的交流合作,提升发展中国家可持续发展意识和能力,为落实联合国2030年可持续发展议程贡献中国智慧和中国力量。

参考文献

[1] OECD. The Long View: Scenarios for the World Economy to 2060[R]. 2018.

[2] 博鳌亚洲论坛新兴经济体发展2019年度报告[EB/OL]. [2019-03-26]. http://www.boaoforum.org/u/cms/www/201903/26124314f45b.pdf.

[3] World Bank Group. Global Economic Prospects-Darkening Skies[R]. 2019.

[4] Ray Dalio Says Populism May Be a Bigger Deal Than Monetary and Fiscal Policy[EB/OL]. [2017-03-22]. https://www.bloomberg.com/news/articles/2017-03-22/dalio-says-populism-may-be-stronger-than-fiscal-monetary-policy.

[5] 张宇燕. 纷繁复杂世界的背后[J]. 世界经济与政治, 2017(1): 1.

第二篇

绿色"一带一路"
建设路径

助力境外投资环境风险防范，支撑绿色"一带一路"建设
——保尔森基金会投资项目环境风险快速评估工具应用与建议

文/刘援　柴伊琳

　　《关于推进绿色"一带一路"建设的指导意见》强调在"一带一路"建设中要突出生态文明理念、推动绿色发展、加强生态环境保护；《"一带一路"生态环境保护合作规划》明确要加强生态环保合作，发挥生态环保在"一带一路"建设中的服务、支撑和保障作用。在生态文明理念的指引下，生态环境保护已成为"一带一路"建设及境外投资首要考虑与关注的问题，特别是面对不同国家纷繁迥异的生态环境，对拟在境外投资建设项目开展早期环境与社会风险的筛查，不仅有利于合规性审查、投资决策，还有利于在项目设计初期发现风险并通过后期设计和规划采取必要预防措施，更可避免项目建设过程中因环境与社会风险而产生的环境危害带来的高成本治理、赔偿，以及短期内难以逆转和修复的生态环境损害。但因为拟建项目所在地及其周边生态环境的复杂性，所以日益提升和建立起的生态环境保护意识和理念在付诸实践时（加之成本的考虑），往往使人们望而却步，特别是在项目开发、设计的初期。中国境外投资项目环境风险快速评估工具（ERST）的开发，支持了绿色"一带一路"支撑平台建设，为境外投资项目环境与社会风险的早期预警提供了低成本且便捷的解决方案。

　　ERST 基于地理信息系统（GIS）和空间分析技术的开发，运用多个全球主流生态及生物多样性数据集为分析基础，主要用于境外投资项目评估阶段生态环境与社会风险的快速筛查。政府监管部门、投资机构、项目实施单位、第三方评估机构均可根据项目信息及 ERST 的分析结果全面掌握项目足迹及其影响范围内的生态环境与社会风险源，通过项目后期设计与规划降低或避免投资风险。ERST 的运用在操作上十分简便，用户可通过网络访问。按照访问界面的功能提示，用户通过录入项目所在国别、具体城市的地理坐标、项目所属行业、项目规划的区域及影响区域范围等必要信息和条件为项目创建档案，系统便可快速、准确地给出与项目相关的生态环境风险分析与提示，此外还可根据项目评估需要开展个性化分析。生态环境风险筛查分析结果由系统自动生成，用户可在系统中在线查看，也可将结果下载为 Microsoft office（简称 MS）Word 报告或 MS Excel

报告,其中 MS Excel 报告包含详细的量化分析结果。下载的分析报告可供用户离线使用和作为进一步分析的数据信息,为项目进一步进行环境评估和应急预案制定提供参考。ERST 为用户提供了便捷、快速、科学、直观的生态环境与社会风险分析系统和决策支持,为境外投资项目和"一带一路"建设项目生态环境与社会风险防范提供了环境专业技术支撑。

一、ERST 是生态环境部对外合作与交流中心与保尔森基金会合作的重要成果

2016 年 6 月 16 日,在环境保护部(现生态环境部)领导的见证下,对外合作与交流中心(以下简称中心)与保尔森基金会签署了《合作谅解备忘录》,双方同意在共同关注的多个领域开展深入合作,其中包括联合开发环境风险评估和决策工具,以减小境外投资和贸易对当地生态环境造成的影响。在双方充分协商和技术准备的基础上,2018 年 6 月 8 日,正式签署了《关于开发和推广使用"中国境外投资项目环境风险快速评估工具(ERST)"的合作协议》。

中心与保尔森基金会在系统开发过程中,充分调动和整合资金、技术、软硬件设备配置、数据信息、专业团队等优质资源,于 2018 年 12 月成功开发了 ERST 系统的测试版,并实施了测试版安装与试运行。经过试运行的问题排查、设计修改和功能完善,2019 年 2 月,中心与保尔森基金会的专家共同启动了 ERST 系统最终版的安装与调试工作。目前,ERST 系统已在中心服务器上开放使用。

ERST 基于 GIS 和空间分析技术开发,以全球主流生态及生物多样性数据为分析基础,主要用于项目评估阶段生态环境与社会风险的快速筛查。

二、以生态环保大数据为基础的 ERST 系统设计

(一)ERST 以 Data Basin 设计理念和技术框架为技术基础

ERST 的开发学习借鉴了国际上已有的环境风险评估工具 Data Basin。美国生物保育研究所(CBI)于 2010 年公开推出 Data Basin 这一工具,目的是提高土地利用决策的科学严谨性和社会支持度。Data Basin 是一个多用途的在线工具,个人和机构可以通过该工具直观地查阅、了解现有的空间数据和信息,或是按需求创建新的地图进行相关的分析。Data Basin 汇集了来源广泛的数据,如土地利用、基础设施、气候、火灾历史、生态系统状况和保护地等,并将其集成到决策系统中,建立起了科学与社会利益相关方之间的桥梁,提高了规划质量,缩短了规划时间,减少了规划的不确定性,降低了成本。Data Basin

作为基于网络的地图平台，提供了对最新数据和科学信息的访问渠道，以及多种协作功能、分析工具和专业化的决策支持应用程序。基于 Data Basin，泛美开发银行进一步开发了基于其社会环境政策的分析工具，使环境安全保障工作人员可以便捷地分析拟建基础设施开发项目对关键自然栖息地和一般自然栖息地的影响，并对可能影响到关键自然栖息地的项目进行风险提示，以便银行内部能针对该项目进行更严格的审查。

Data Basin 工具的特点、功能及泛美开发银行的实际应用，对于开发 ERST 是一个很好的启发。因此，中心与保尔森基金会合作，引进 Data Basin 的设计理念和技术框架，开发了 ERST。

（二）ERST 便捷、快速、科学、直观的设计理念

ERST 作为早期的预警工具，旨在帮助用户评估拟开发项目对生物多样性和环境资源的潜在影响，帮助企业对在境内外投资项目的环境与社会风险进行识别与管理，避免或最大限度地降低开发项目可能对生态环境造成的负面影响。在项目规划和环境风险评估过程中进行标准化、高水平的环境与社会风险筛查是实现这一目标的有效途径。

基于快速、准确的专业化评估要求，ERST 工具的设计遵循了便捷、快速、科学、直观的核心理念。由于不能要求所有用户都拥有丰富的生态环境专业知识或地理信息应用技术，因此，其对用户多样化的适应性也极为重要。

ERST 中的第一个要素是项目。项目是一组代表拟开发项目的信息，包括项目所在国别、项目的类型、项目位置和潜在影响区域。受影响的项目区域被定义为项目建设区和一个或多个项目影响区。

第二个要素是数据集。数据集是关于特定主题的地理空间信息的集合，如保护区的位置、项目区域、项目影响区的生态系统和物种分布信息、社区信息、文化遗产、其他重大工程信息等。目前使用的数据集主要包括两大类，一类是如表 1 所示的全球性生物多样性数据；另一类是来自不同国别的基础性信息，包括但不限于国家行政区划、地区行政区划、省重点保护区、国家自然保护区、生物多样性保护优先区域（优先行动区域）、生物群落、原住民、生物多样性保育单位、地质公园分布、地质遗址、公共森林、生态走廊、沿海区—优先养护区、冰川清单、海啸受灾地区、洪水高风险地区、建立的缓冲区、矿业地籍、考古遗址、生态区、水文分区、私人管理的分区、私人管理的自然保护区、优先保育区、油田等。

表 1　全球性数据集

数据集名称	说　　明
高生物多样性荒野区	高生物多样性荒野区（HBWA）方法由保护国际（Conservation International，CI）开发。Mittermeier 等于 2002 年指出，HBWA 包含 24 个主要荒野区中的 5 个，这些地区拥有对全球范围内意义重大的生物多样性。这 5 个 HBWA 是亚马孙流域、中非的刚果森林、新几内亚、非洲南部的 Miombo-Mopane 林地（包括奥卡万戈三角洲），以及墨西哥北部和美国西南部的北美沙漠复合体。这些区域的未开发部分面积达 8 981 000 平方千米（占其原始范围的 76%），占地球陆地面积的 6.1%
零灭绝联盟栖息地	零灭绝联盟（Alliance for Zero Extinction，AZE）是一个由全球多家生物多样性保护组织发起的联合倡议，旨在通过识别和保护物种的关键栖息地来防止其灭绝，这些栖息地中的每一个都是一个或多个濒危或极危物种仅存的庇护所
鸟类特有种栖息地	鸟类特有种栖息地（EBA）是包含受限范围物种（Restricted-range Species）育种范围的重叠区域。受限范围物种指所有自 1800 年以后存在的陆地鸟类。在 EBA 的边界内，完全包括两个或多个受限范围物种覆盖的完整范围。这并不一定意味着所有 EBA 的受限范围物种的完整范围完全包含在同一个 EBA 的边界内，某些物种可能在 EBA 之间共享（如某些鸟类可能存在于多个 EBA 中）。此外，EBA 还支持世界范围内具有更广泛种类的鸟类区域
生物多样性关键区域	生物多样性关键区域（KBA）是全球层面上对维系陆地、淡水和海洋生态系统中的生物多样性具有重要贡献的栖息地。世界生物多样性关键区域数据库由国际鸟类联盟代表 KBA 合作伙伴（BirdLife International on Behalf of the KBA Partnership）进行管理。它维护有关全球和区域 KBA 的数据，包括由国际鸟类联盟合作伙伴、零灭绝联盟栖息地确定的重要鸟类和生物多样性区域数据、通过关键生态系统合作伙伴基金（Critical Ecosystem Partnership Fund）支持的基于热点地区而识别出的 KBA 数据以及少量其他 KBA 数据。该数据库由国际鸟类联盟管理的世界鸟类和生物多样性数据库（WBDB）发展而来
生物多样性热点地区	生物多样性热点地区必须符合两个严格标准： ①包含至少 1 500 种维管植物特有种，即其植物特有种的数量和比例要足够高。换句话说，热点地区是不可替代的。 ②其现存的原始天然植被不得超过 30%。换句话说，该区域必须受到限制。 在全球范围内，有 35 个地区符合热点地区的条件。它们仅占地球陆地面积的 2.3%，但孕育着世界一半以上的植物特有种（其他地方没有分布）以及近 43% 的鸟类特有种、哺乳动物、爬行动物和两栖动物。 CI 是定义和推广热点地区概念的先行者
世界保护地数据库	世界保护地数据库（WDPA）是联合国环境规划署与世界自然保护联盟（IUCN）之间的一个联合项目，由联合国环境规划署世界保护监测中心（UN Environment Programme World Conservation Monitoring Centre，UNEP-WCMC）与各国政府、非政府组织、学术界以及行业合作编制和管理。WDPA 是最全面的海洋和陆地保护地全球数据库，由空间数据（边界和点）和相关属性数据（表格信息）组成。该数据库通过 Protected Planet（www.protectedplanet.net）在线提供，相关数据可供查看和下载

数据集名称	说　明
世界陆地生态区域	世界陆地生态区域（TEOW）是按生物地理指标对地球陆地生物多样性进行的划定。我们的生物地理单位是生态区，其定义为相对较大、包含独特自然群落组合，以及共享大部分物种、自然过程和环境条件的陆地或水域单位。目前划定了 867 个陆地生态区域，分为 14 个不同的生物群落区，如森林、草原或沙漠。生态区域代表不同物种和群落组合的原始分布。 　　世界自然基金会（WWF）的 Global 200 项目分析了全球生物多样性分布模式，确定了一组具有特殊生物多样性并具有高度代表性的地球陆地、淡水和海洋生态区域
世界自然保护联盟濒危物种红色名录（非鸟类）	世界自然保护联盟濒危物种红色名录是世界自然保护联盟按其方法和标准对全球动物、植物、真菌物种进行评估后而得出的相关物种分布情况和受威胁程度的信息。此部分的数据集基于世界自然保护联盟濒危物种红色名录中非鸟类物种的信息，抽取了其中极危、濒危、易危物种（仅限分布区面积在 5 万平方千米以下）的相关数据。分布区过大（大于 1 000 万平方千米）的物种，如鲸、海龟等，由于不适宜于本系统的分析操作，故未被纳入本系统的数据库
世界自然保护联盟濒危物种红色名录（鸟类）	世界自然保护联盟濒危物种红色名录是世界自然保护联盟按其方法和标准对全球动物、植物、真菌物种进行评估后而得出的相关物种分布情况和受威胁程度的信息。此鸟类部分的数据集基于国际鸟盟发布的鸟类分布区信息，抽取了其中极危、濒危、易危鸟类物种（仅限分布区面积在 5 万平方千米以下）的相关数据。分布区过大（大于 1 000 万平方千米）的物种由于不适宜于本系统的分析操作，故未被纳入本系统的数据库
原始森林景观	原始森林景观（Intact Forest Landscapes，IFL）是当前森林区域内森林和天然无树木生态系统的连片分布，远程监测显示没有人类活动或栖息地破碎的迹象，并且面积大到足以保留所有本地生物多样性，包括活动范围广、野外种群数量健康的各类物种。IFL 具有很高的保护价值，对于稳定陆地碳储存、保护生物多样性、调节水文状况，以及提供其他生态系统功能至关重要。 　　IFL 的概念、测绘和监测算法由研究与环保组织马里兰大学（University of Maryland）、绿色和平组织（Greenpeace）、世界资源研究所和透明世界（World Resources Institute and Transparent World）共同开发，已经用于森林退化评估、林业认证、保护政策改进及科学研究。IFL 方法可用于在减少毁林和森林退化所致排放（REDD+）机制下进行快速、符合成本效益的森林退化评估和监测，以及用于负责任的森林管理认证过程，如森林管理委员会（FSC）的标准
植物多样性中心	世界自然保护联盟和世界自然基金会完成的植物多样性中心（CPD）项目，旨在确定世界各地能对最多数量的植物物种进行有效保护的区域。该项目还希望通过记录保护这些区域可为社会所带来的许多经济和科学上的益处，凸显每种益处对于可持续发展的潜在价值，并勾勒出所选区域的保护策略。从广袤的山地系统到岛屿复合体和小型森林区域，CPD 栖息地的规模差异很大

使用 ERST 的主要目的是评估项目对生物多样性和环境资源的潜在影响。分析过程通过识别项目建设区和项目影响区是否与一个或多个数据集发生重叠来实现。如果项目与数据集之间存在任何重叠，系统将计算该数据集中包含的每个特征单元的重叠量。需要注意的是，随着 ERST 系统数据集的丰富，其分析功能将随之扩展，这也是 ERST 所追求的设计理念。

（三）ERST 易于实现的硬件支持

ERST 作为网上操作系统，支持 Firefox、Google Chrome 浏览器的使用；Microsoft Edge、Internet Explorer 11 浏览器尽管可以支持 ERST 大部分功能的运用，但会因性能不佳或其他问题而影响正常操作。

用户使用该系统可访问登陆界面（图 1）。前期需要事先授权访问，后期将开放以为更多用户带来方便快捷的服务。

图 1　ERST 登录界面

三、ERST 服务利益相关方的功能与应用

（一）ERST 的功能可满足不同利益相关方需求

ERST 的功能主要表现在其对不同利益相关方用户，包括政府监管部门、投资机构、项目实施单位、第三方评估机构应用需求的满足。

对于政府监管部门，ERST 可提供国际核心及相关联的生物多样性信息，并据此了解和掌握需重点关注的生态保护区域和生态系统信息，尽量避免或减少项目的开发建设所带来的破坏，同时可以获取和掌握更为详细的监管依据，并据此对项目建设者给出指导。此外，也可以更有效地实施基于环境国际公约、协定等衍生出的环境及社会政策。

对于投资机构，ERST 提供的生物多样性、生态环境的标准化信息，以及对环境与社会风险的快速筛查，可以大大降低投资决策的管理成本。投资人可以根据系统给出的项目潜在风险点的识别结果与分析，结合投资机构内部环境与社会安全保障政策，进行内部的初步评估，帮助投资人在项目生命周期的早期确定是否需要更广泛和深入的环境与社会风险分析；而对于风险水平高、风险发生危害性大的项目或风险点，还可以进行进一步的评估以避免投资风险，并大幅降低早期初步评估的人工和管理成本。

对于项目实施单位，根据 ERST 给出的分析结果，管理部门一是可以对项目计划、项目实施及项目监管各阶段的风险进行实时筛查和及时反馈；二是可以建立起内部的风险预警与应急措施，并配套相应的技术解决方案，制定相应的人员管理方案以及配套的财务预算，精准控制和避免风险的发生。为风险控制所做的预算，一方面，可计入项目实施成本；另一方面，有效的风险控制可使这部分未发生的成本在后期决算中转为收益，在确保经济效益的同时提升了项目实施机构生态环境保护的良好品质与履行企业社会责任的良好声誉。

对于第三方评估机构，则可在开展深入的环境与社会风险分析之前借助 ERST 的快速评估找到关键风险点，而 ERST 强大的生态环保大数据支撑，更可以避免评估的盲点和遗漏，大大提高了评估的效率和精准度，也因此降低了评估的时间成本和费用。

基于 GIS 与 Web 技术建立起的 ERST 系统，使得数据信息更新更为及时、数据分析与图层叠加更为便捷，每一个项目通过在线项目信息的输入和档案建立便可获得自动生成的分析报告和记录，给不同用户提供了每个项目更为直观的分析结果以及更可靠的信息追溯，并在此基础上满足 ERST 的用户对分析结果进一步应用的需求。

（二）ERST 具体应用简介

为使不同用户易于操作 ERST 系统并获得项目环境与社会风险筛查的分析结果，ERST 系统设立了简单快捷的操作流程。通过输入拟建项目所在国家、区域、项目所属行业、项目基本描述等基本信息即可在系统内创建项目；通过设置项目建设区域、建设区外围的一个或多个潜在影响区域，系统将自动创建标准生物多样性影响和政策合规分析报告。此外，还可以创建一个或多个自定义分析以获得进一步的风险筛查结果，例如，对世界文化遗产地的影响等。分析结果可在系统中在线查看，也可将结果下载为 MS Word 文档或 MS Excel 电子表格，以供投资人离线使用和作为进一步分析的数据信息。

1. 创建项目

ERST 用户可在项目创建页面为一个新项目创建项目档案（图 2）。

图 2　创建项目页面

2. 设置项目建设区及影响区

项目建设区代表项目的所在位置以及直接受影响的区域。例如，大坝建设所淹没的区域或采矿作业的矿区。为简便起见，道路或交通基础设施等线性要素可表示为线条。此外，至少还应设置一个大小适当的缓冲区来代表项目造成直接或间接影响的区域，以及设定一个或多个项目影响区，用于分析。缓冲区是项目建设区之外的区域，大小取决于用户提供的半径设置参数。

在"设置项目位置"界面（图 3、图 4），地图将自动定位到用户在创建项目时选择的国家/地区的范围、项目所在地或附近的坐标，或通过搜索地名来定位某一城市、乡村或行政区域。这也包括设定一个或多个项目的影响区域，区域的边界也因项目的不同而有所不同。

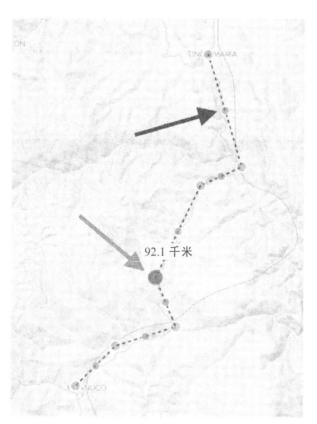

图 3　绘制项目建设区页面——编辑几何形状

图 4　创建项目影响区页面——缓冲区

一般而言，其他国际开发机构采用至少 10 千米的缓冲区半径来评估拟开发项目的潜在影响。但是，某些情况下更大的缓冲区半径（如 100 千米）可能是更合适的，具体数值视项目位置和类型而定。

3. 项目详情页面

项目详情页面如图 5 所示。

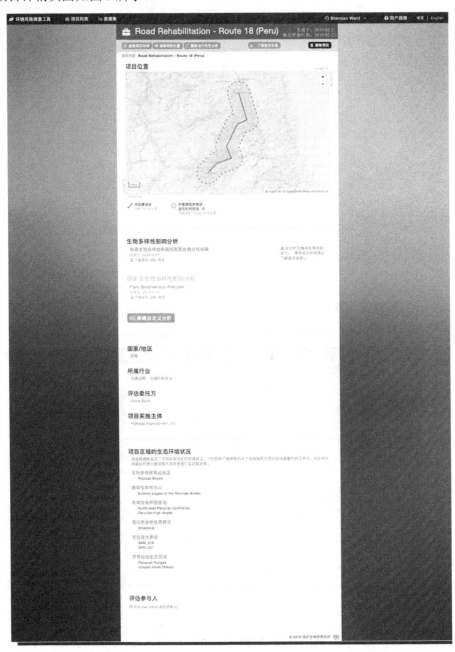

图 5　项目详情页面

　　将项目区域、缓冲区、影响区设定好后，系统将利用底层数据进行自动分析。例如，对一个项目的生物多样性影响进行分析，系统将基于标准化的国际和区域生物多样性数据集为用户提供与项目区域相关的生态环境信息，尽管这些信息无法直接用于评估项目的环境影响，但它们有助于评估人员了解项目位置周边的生态环境情况。如果项目位于全球生物多样性热点地区或其他全球层面重要的生物多样性区域，本部分信息将起到提醒的作用。用户可单击每个数据集的名称查看该数据集的详情页面。在每个数据集的名称下面，将看到与项目位置存在重叠的数据集中的特征单元列表（图6）。

项目区域的生态环境状况

这些数据集呈现了项目区域的生态环境状况。下列的每个数据集列出了该数据集与项目区域重叠的特征单元。特征单元的名称和部分数据集的名称直接引自源数据集。

生物多样性热点地区
　　Tropical Andes

植物多样性中心
　　Eastern slopes of the Peruvian Andes

鸟类特有种栖息地
　　North-east Peruvian cordilleras
　　Peruvian high Andes

高生物多样性荒野区
　　Amazonia

原始森林景观
　　SAM_216
　　SAM_221

世界陆地生态区域
　　Peruvian Yungas
　　Ucayali moist forests

图6　项目区域生态环境相关数据集

4. 分析详情页面

　　用户可从"分析详情页面"查看分析的总结性摘要。例如，项目对标准生物多样性影响和政策合规的分析（图7），项目位置与政策风险提示参考数据集重叠，如代表高度敏感的环境或文化资源的国际区域或国家级数据集，系统即会发出政策风险提示，ERST用户则需要进一步调查以确定政策风险的严重程度。如果存在这种政策风险则需要对项目的实施进行调整或采取措施降低风险。

标准生物多样性影响和政策合规分析结果

最近更新日期：2019-02-21

⬇ 下载报告　⬇ 下载分析数据集

⚠ 此分析已触发政策风险提示。
　　项目区域触发了 **7** 个数据集的政策风险提示。
　　请务必仔细检查这些重叠情况，从而确定项目的潜在影响。

政策风险提示参考数据集

下列数据集包含全球、区域或国家级数据集，代表着高度敏感的环境或文化资源的分布。因此，项目区域与这些资源的任何重叠都会触发政策风险提示，需要进一步调查以确定政策风险的严重程度。

数据集概览	是否与项目建设区存在重叠	是否与项目影响区中度潜在影响区存在重叠
✓ 零灭绝联盟数据点状单元(10千米 缓冲区)	否	否
⚠ 零灭绝联盟栖息地	是	是
⚠ 世界自然保护联盟濒危物种红色名录（鸟类）	是	是
⚠ 世界自然保护联盟濒危物种红色名录（非鸟类）	是	是
✓ 生物多样性关键区域点状单元(10千米 缓冲区)	否	否
⚠ 生物多样性关键区域	是	是
⚠ 世界保护地数据库	是	是
✓ 世界保护地数据库(0.5千米 缓冲区)	否	否
⚠ 秘鲁考古遗址	否	否
✓ 英迪格纳村	否	否
⚠ 秘鲁原住民	是	是

图7　分析详情页面

　　以"零灭绝联盟栖息地"为例（图8），分析中的每个数据集都包含详细的分析结果。此部分包括项目的摘要信息，如果数据集是政策风险提示参考数据集，并且与项目位置存在重叠，则还会包含风险提示。地图显示此数据集中位于项目位置内以及附近的特征单元。即使项目建设区和项目影响区不直接与此数据集中的任何特征单元相交，但当项目区附近存在政策风险提示参考数据集的特征单元时，也应更加彻底地审查项目。通常，应更详细地调查位于项目建设区或项目影响区内的特征单元，以确定对该资源的影响。必要时需在ERST之外进行更详细的环境影响或GIS分析。

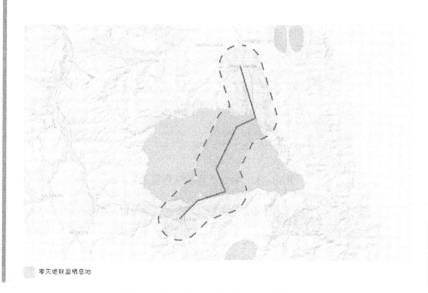

图 8 "零灭绝联盟栖息地"分析页面

5. 分析报告

ERST 分析报告可为项目对生物多样性和环境资源的影响程度开展进一步的量化分析并提供依据，其中包括摘要表、数据来源表、数据集表等。用户可下载 MS Word 报告及 MS Excel 报告，其中 MS Excel 报告包含详细的量化分析结果（图9、图10）。

摘要表包含有关分析的摘要信息，包括项目建设区和项目影响区的大小。它包括显示分析是否引发任何政策风险提示的一览表，并列出与项目建设区和项目影响区发生重叠的特征单元的数量。

数据源表：分析中包含的每个数据集的相关摘要信息。

数据集表：所有与项目建设区或项目影响区存在重叠的数据集都有对应的单独表页。

其他详细信息旨在帮助 ERST 用户更好地了解该部分的特征单元类型、划定方式以及其他重要信息，以作为评估项目环境影响的参考。

图 9　MS Word 分析报告页面

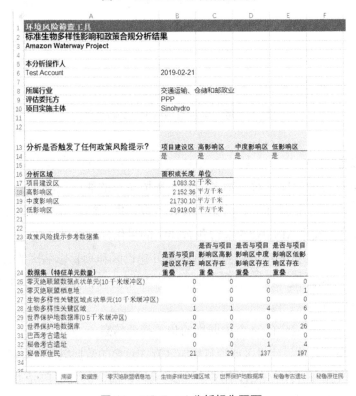

图 10　MS Excel 分析报告页面

四、小结

正如 ERST 的设计理念所述,ERST 通过系统工程师的专业化开发与构建,为政府监管部门、投资机构、项目实施单位、第三方评估机构等不同用户提供了便捷、快速、科学、直观的生态环境风险分析系统。通过在系统中根据所掌握的拟建项目的基础信息来创建项目,设置项目的建设区、缓冲区、影响区,便可基于系统数据集实现拟建项目的环境与社会风险的快速筛查的标准化分析和自定义分析,并形成分析报告。而分析的结果和报告既可以在线浏览,也可以分别生成并下载 MS Word 及 MS Excel 报告,以便投资人后期深入分析使用,以及为进一步的项目环境影响评价提供相关信息。

ERST 的优势在于其在项目规划的初期阶段就可以提供准确的项目环境与社会风险快速筛查,为项目开发者、投资者第一时间了解项目风险并进行审慎决策提供了有效的工具。这不仅为政府部门的监管和指导带来了科学依据和便利,也有助于节约项目早期的评估成本。ERST 在支持绿色"一带一路"支撑平台建设的同时,也有助于生态环保大数据的应用,为中国企业境外投资的环境与社会风险防范提供环境技术支持。

"一带一路"项目环境和社会安全风险防控对策建议
——以全球环境基金环境和社会安全保障制度体系为例

文/李亦欣　黄悦秋　张黛玮　朱留财

2018年8月，习近平总书记在推进"一带一路"建设工作5周年座谈会上强调指出，要规范企业投资经营行为，合法合规经营，注意保护环境，履行社会责任，成为共建"一带一路"的形象大使。要高度重视境外风险防范，完善安全风险防范体系，全面提高境外安全保障和应对风险能力。2019年1月，习近平总书记在省部级主要领导干部坚持底线思维着力防范化解重大风险专题研讨班开班式上强调，既要高度警惕"黑天鹅"事件，也要防范"灰犀牛"事件。结合落实部领导关于环境国际合作"格局要大、视野要宽、作风要实"的指示精神，本报告以全球环境基金（Global Environment Facility）环境和社会安全保障制度体系为例，分析防控"一带一路"项目环境和社会安全风险，提出了完善相关制度体系的建议，供决策参考。

一、"一带一路"项目潜在环境和社会安全风险识别

习近平总书记指出，共建"一带一路"顺应了全球治理体系变革的内在要求，彰显了同舟共济、权责共担的命运共同体意识，为完善全球治理体系变革提供了新思路、新方案。绿色"一带一路"是"一带一路"倡议的重要组成部分，是落实2030年可持续发展议程，共建人类命运共同体的必然道路。

（一）沿线国家普遍生态脆弱和制度滞后的双重挑战

"一带一路"沿线国家多属于生态脆弱地区，人口密度大，已有的环境问题复杂，环境风险较大。同时，由于沿线国家多为发展中国家，如存在环境法规不完善的问题，即使按照其国内环境法规设计项目，仍有可能产生环境风险。

（二）项目东道国各方利益诉求复杂

"一带一路"沿线国家对于环境问题的重视程度也有所区别。一般而言，执政党政府更注重项目的发展成果，但其国内在野党、环境社会组织、原住民等更关注其环境影响和社会风险，也有能力通过抗议和示威等方式影响政府决策。其中，原住民问题尤为敏感，若处理不当，容易引发矛盾冲突。而投资企业往往与社会组织、原住民等非政府团体沟通不够，极易产生环境和社会安全风险。

二、全球环境基金的环境和社会安全保障制度体系案例

（一）制度背景

全球环境基金作为五大全球环境条约的资金机制运行实体，隶属世界银行，其宗旨为"保护全球环境，促进可持续发展"。因此，环境和社会保障制度至关重要，是其治理体系中的重要组成部分。世界银行于 1997 年首次提出了环境和社会保障政策的概念，在决策和项目执行中考虑环境和社会问题。2001 年，世界银行通过了其正式的环境和社会保障政策，并在 2016 年做出了进一步完善和修订。

全球环境基金自 1991 年成立至 2010 年，没有统一和明确的环境和社会安全保障制度，所有项目的环境和社会安全保障政策，是以每个项目的执行机构实行其自身的相关政策为准。随着执行机构数量的增加，为规范项目管理，增强环境治理的有效性，全球环境基金于 2011 年制定了《关于执行机构最低环境社会安全保障标准的政策》（*GEF Policy on Agency Minimum Environmental and Social Safeguard Standards*），适用于所有执行机构，并逐步完善这一制度安排。

2018 年，全球环境基金完成第七次增资后，对原有相关制度体系进行了系统性修订。根据国际最佳实践提高了部分领域的最低标准，形成了《环境和社会安全保障政策》（*Policy on Environmental and Social Safeguards*，以下简称《政策》）。

（二）主要内容

全球环境基金项目主要由作为合作伙伴的项目执行机构具体执行，而各执行机构普遍有其自身的环境和社会安全保障政策。因此，《政策》规范了项目应满足的最低限度的环境和社会保障标准，供各执行机构调整其自身政策，若其自身政策更为严格，可不调整。

《政策》已于 2019 年 7 月起正式实施，全球环境基金将对各执行机构的相关政策进行审核，确保其满足要求。各执行机构可根据其自身满足要求的环境社会安全保障政策

开发、执行项目，在向全球环境基金申请项目时如实汇报项目的环境和社会安全风险及应对计划。全球环境基金将每年公布《政策》实施情况，包括所有在执行项目的环境和社会安全风险及其影响、管理情况。

这套制度体系共包括 9 条 17 款 92 项最低标准。一是环境社会影响评价、管理和监测标准；二是问责、申诉和冲突调解标准；三是生物多样性保护和生物自然资源可持续管理标准；四是土地利用和非自愿移民标准；五是原住民保护标准；六是文化遗产标准；七是资源效率和污染防治标准；八是劳工条件标准；九是社区健康和安全保障标准。

（1）环境社会影响评价、管理和监测标准。全球环境基金强调在项目执行前必须对涉及标准 3～标准 9 的潜在风险进行全面评估，并尽量通过项目设计规避、缓解和管理风险。在完成项目设计后，需制订风险管理计划，进行全周期监测。为保证整个过程的公正透明，所有项目均需采用第三方机构参与风险评价、项目监测或独立审计，对利益相关方及时进行信息公开。

（2）问责、申诉和冲突调解标准。执行机构应具备独立透明的，能够发现可能违反环境和社会安全保障制度的行为，且能够采取适当措施的问责机制；应具备对申诉和争议及时接收、适当处理和及时反馈等能力的独立的冲突调解团队。

（3）生物多样性保护和生物自然资源可持续管理标准。任何项目不得对关键栖息地有负面影响，除非整个项目活动产生生物多样性净增长，否则不得违反生物多样性相关国际公约，不得引入潜在的外来入侵物种。在此基础上，执行机构应根据标准 1 对可能的生物多样性损害进行评估，根据结果制订减缓和管理计划，确保生物多样性净增长。对于生物自然资源的采购和使用，应避免导致自然栖息地退化，采用可持续管理并符合遗传资源获取和惠益分享的原则。

（4）土地利用和非自愿移民标准。全球环境基金要求在项目设计时即开展评估，尽量避免产生非自愿移民问题，帮助移民解决生计问题，提高其生活水平或与之前持平。在操作上，应与受影响人群进行磋商后拟订详细的移民行动计划，并提前进行补偿和援助。

（5）原住民保护标准。全球环境基金强调，任何项目若影响了原住民的土地和自然资源、造成原住民的非自愿移民，或对原住民的文化和生活等产生重要影响，需事先得到受影响原住民的知情同意。在此基础上，执行机构应对潜在的经济、社会、文化和环境的负面影响进行评估，以文化上适当的方式缓解负面影响，同时予以适当的补偿。任何涉及原住民利益的项目活动，需与原住民进行磋商或有原住民参与，包括：一是缓解和补偿方案的确定；二是环境和社会管理方案的设计、实施和监测；三是利用原住民的身份、生计和文化遗产进行商业开发时，利益分享方式的确定；四是原住民受限进入的自然保护区的设计和管理。此外，若项目可能对自愿隔离的原住民造成影响，应避免非自愿接触并停止可能导致非自愿接触的项目行动。

（6）文化遗产标准。执行机构应根据标准 1 对可能受影响的文化遗产进行监测和评估，通过与专家、当地居民、当地政府和其他利益相关方的咨询、场地调研和协商，制定适当的措施以减少对文化遗产的不利影响。

（7）资源效率和污染防治标准。任何全球环境基金项目不得使用《斯德哥尔摩公约》中所列物质或被其他国际条约所禁止的，对人类健康和环境有重大影响的物质。在此基础上，执行机构应根据标准 1 对可能产生环境和社会安全风险的资源使用和污染排放行为进行监测和评估，最大限度地减少污染物排放和废物产生，采用合法的符合国际最佳实践的污染控制措施和危险废物处置措施，通过安全的手段加强回收再利用。所有项目均应有效利用能源、水和其他资源，减少用水量，避免对社区和环境造成重大不利影响。

（8）劳工条件标准。执行机构应根据标准 1 对项目参与劳工可能存在的风险进行监测和评估，并制定相应的管理方案以应对风险。全球环境基金要求所有项目符合国际劳工组织的相关标准，向劳工提供明确的就业相关文件，定期支付工资并保证足够的休息和假期；采用职业健康和安全措施保证工作环境；不进行强迫劳动和雇用童工；禁止雇用歧视，建立申诉和冲突解决制度。

（9）社区健康和安全保障标准。任何全球环境基金项目不得建设或修复复杂大坝。执行机构应根据标准 1 对可能存在的影响社区健康和安全的风险，包括意外和自然灾害、弱势群体的特殊需求、卷入冲突的可能性、项目对直接关系社区健康和安全的生态系统的影响、气候变化等，通过适当的措施加以防范和减轻风险。执行机构应与利益相关方和当地政府合作制定应急准备方案，根据当地法律和国际最佳实践保障人员和财产安全。

（三）简要评述

全球环境基金的环境和社会安全保障制度主要有 3 个特点：一是坚持可持续发展理念，实现项目经济性的同时兼顾环境安全和社会进步；二是用制度来规范投资行为，力争有效防范风险和外部性；三是协同治理，将企业（公司）治理、地方治理和全球治理有机结合，寻求最大的利益平衡。

通过较为具体清晰的最低标准制度体系，全球环境基金力求其项目在环境和社会安全保障上达到国际先进水平，在产生全球环境效益的同时有效保护项目地环境，保证社会稳定，维护自身信誉和权益。项目环境和社会风险保障制度是国际社会通用的做法，即国际惯例。中国发起的"一带一路"倡议如能借鉴全球环境基金等的国际环境与社会安全保障制度体系，将对防控相关风险，稳步推进绿色"一带一路"建设具有一定的积极意义。

三、"一带一路"项目环境和社会安全风险防控的对策建议

为进一步推动绿色"一带一路"建设，拟提出如下建议。

（一）通过制度创新防控项目的环境和社会安全风险

2017 年出台的《关于推进绿色"一带一路"建设的指导意见》（以下简称《意见》）提出"推动企业遵守国际经贸规则和所在国生态环保法律法规、政策和标准，高度重视当地民众生态环保诉求，加强企业信用制度建设，防范生态环境风险，保障生态环境安全"。建议以此为基础，通过制度创新，制定绿色"一带一路"环境和社会安全保障相关制度与指南，出台相关"最低标准"，规范"一带一路"项目的环境和社会安全风险防范、管理和监测。通过制度创新，建立"防火墙"，并适时"打补丁"，引导企业规范投资，防控投资风险。

（二）统一绿色发展国际联盟环境和社会安全最低标准

"一带一路"绿色发展国际联盟（以下简称联盟）是实施"一带一路"倡议的重要合作伙伴，也是重要执行机构或实施机构。可借鉴全球环境基金和国际先进经验，通过联盟平台，推动绿色"一带一路"相关生态环境保障标准；若联盟伙伴相关标准高于绿色"一带一路"环境和社会安全保障标准的要求，可执行其较高的标准。努力通过制度规范和制度建设为绿色"一带一路"树立良好口碑，彰显中国负责任大国的形象。

（三）加强共建国家环境和社会安全风险点针对性研究

一是加强对共建国家环境风险研究。包括已经存在的大气污染、环境政策法规缺乏等问题，形成环境风险清单。二是加强与各利益相关方的沟通与交流，尤其是与原住民和社会团体的沟通与交流，了解不同群体的利益诉求。双管齐下，帮助中资企业在项目立项前充分识别潜在的环境和社会安全风险，设计出符合项目东道国环境和社会现状的低风险项目。

（四）加强项目环境和社会影响信息公开

中资企业宜加强信息公开，在开发和实施"一带一路"项目的过程中，采用更加透明的选址程序和招标采购程序，邀请国际专家和利益相关的社会团体等参与环境和社会影响评价及各项工作方案、环境和社会影响补偿方案的制定，加强与项目周边民众的互动，邀请当地社会团体监督，从而使民众充分了解项目的进展和影响等，消除误解，保障项目顺利实施。

参考文献

[1] 中国政府网. 习近平出席推进"一带一路"建设工作5周年座谈会并发表重要讲话[EB/OL]. (2018-08-27) [2020-06-04]. http://www.gov.cn/xinwen/2018-08/27/content_5316913.htm.

[2] 中国政府网. 习近平在省部级主要领导干部坚持底线思维着力防范化解重大风险专题研讨班开班式上发表重要讲话[EB/OL]. (2019-01-21) [2020-06-04]. http://www.gov.cn/xinwen/2019-01/21/content_5359898.htm.

[3] 张继栋, 潘健, 杨荣磊, 等. 绿色"一带一路"顶层设计研究与思考[J]. 全球化, 2018 (11): 42-50, 106, 133-134.

[4] 中国政府网. 商务部 环境保护部关于印发《对外投资合作环境保护指南》的通知[EB/OL]. (2013-02-18) [2020-06-04]. http://www.gov.cn/gongbao/content/2013/content_2427290.htm.

[5] Citi News Room. Open Letter to Chinese Ambassador to Ghana from Directors of the Green Livelihood Alliance Partners[EB/OL]. (2018-11-30) [2020-06-04]. https://citinewsroom.com/2018/11/30/open-letter-to-chinese-ambassador-to-ghana-from-directors-of-the-green-livelihood-alliance-partners/.

[6] New York Times. The World, Built by China[EB/OL]. (2018-11-18) [2020-06-04]. https://www.nytimes.com/interactive/2018/11/18/world/asia/world-built-by-china.html.

[7] The World Bank. The World Bank Environmental and Social Framework[EB/OL]. (2018-10-01) [2020-06-04]. http://pubdocs.worldbank.org/en/837721522762050108/Environmental-and-Social-Framework.pdf.

[8] Global Environment Facility. GEF Policy on Agency Minimum Standards on Environmental and Social Safeguards[EB/OL]. (2011-11-18) [2020-06-04]. https://www.thegef.org/sites/default/files/council-meeting-documents/C.41.10.Rev_1.Policy_on_Environmental_and_Social_Safeguards.Final%20of%20Nov%2018.pdf.

[9] Global Environment Facility. Policy on Environmental and Social Safeguards [EB/OL]. (2018-12-20) [2020-06-04]. https://www.thegef.org/sites/default/files/documents/gef_environmental_social_safeguards_policy.pdf.

[10] Asian Infrastructure Investment Bank. Environmental and Social Framework [EB/OL]. (2019-03-14) [2020-06-04]. https://www.aiib.org/en/policies-strategies/_download/environment-framework/Final-ESF-Mar-14-2019-Final-P.pdf.

[11] 生态环境部. 关于推进绿色"一带一路"建设的指导意见[EB/OL]. (2017-04-26) [2020-06-04]. http://www.mee.gov.cn/gkml/hbb/bwj/201705/t20170505_413602.htm.

面向"一带一路"倡议的环保产业
"走出去"SWOT 分析

文/谢园园　吕宁馨

坚持"引进来"与"走出去"相结合,是我国应对经济全球化,全面提高对外开放水平的基本战略。环保产业作为我国七大战略性新兴产业之一,随着全球化的发展,走国际化发展道路成为必然选择。2013 年,国务院发布了《关于加快发展节能环保产业的意见》,提出通过国际化发展支撑加快发展环保产业。同年,习近平总书记提出建设"丝绸之路经济带"和"21 世纪海上丝绸之路"的重大战略构想,将中国与沿线国家和地区有机联系起来,充分依靠中国与有关国家既有的双(多)边机制,借助既有的行之有效的区域合作平台,积极发展与沿线国家的经济合作伙伴关系,为中国环保产业"走出去"提供契机。特别是"一带一路"倡议提出以来,中国相继出台了《关于推进绿色"一带一路"建设的指导意见》《"一带一路"生态环境保护合作规划》等政策文件,环保产业迎来了"走出去"的新机遇,有望进行更大范围、更深层次的区域合作。

经过多年发展,我国环保产业从小到大、从弱到强,不断发展壮大,目前已经掌握了一批具有自主知识产权的关键环保技术,在除尘、脱硫、脱硝、火电超低排放、大型城镇污水处理等方面已经具备了依靠自有技术进行工程建设与设备配套的能力,特别是与"一带一路"沿线大多数国家相比具有明显的技术优势。但从总体上看,我国环保企业数量虽大,但规模偏小,大型龙头环保企业比例较低,大多数环保企业仍然在中低端技术、基础领域进行生产活动,全面"走出去"仍然面临一系列内外部因素的制约和挑战。

一、必要性和重大意义

第一,与沿线国家开展环保产业合作将为建设绿色"一带一路"保驾护航。"一带一路"的实质是开放、包容、多样的新型国际区域经济合作平台,对于我国加快形成崇尚创新、注重协调、倡导绿色、厚植开放、推进共享的机制和环境具有重要意义。在"一带一路"建设中突出生态文明理念,推动绿色发展,加强生态环境保护,共同建设绿色丝绸之路，顺应了全球可持续的发展需求，迎合了沿线国家绿色发展和可持续发展的需求。绿色"一带一路"的内涵是建设资源节约、绿色消费、低碳智慧之路，我国环保产业"走出去"将为推动绿色"一带一路"建设提供一定的技术支持，保障绿色"一带一路"建设的国际合作顺利进行。

第二，我国环保产业"走出去"将开拓更广阔的发展空间。在国家政策的大力支持及环境治理需求不断增长的背景下，环保产业得到了快速发展。发展绿色经济已成为一个重要趋势和国际潮流，各国正在把环保产业的发展作为争夺国际竞争力的新领域和重要途径，世界环保市场的重心正向发展中国家转移，再加上发达国家在国际贸易中设置"绿色壁垒"，环保产业由终端向源流控制发展，发展中国家对发展环保产业、引进先进技术的需求越来越大，环保产业已成为国际技术转移的重要领域之一。

第三，环保产业"走出去"是参与环境保护领域国际竞争的重要手段之一。中国是一个发展中大国，积极参与国际竞争与合作既可以展现中国的实力，又可以在其中发现更多的发展机会。环保产业"走出去"有助于提高环保产业的国际竞争力、培育中国的国际品牌、提升国家的综合实力。

第四，实施环保产业"走出去"战略可起到反向刺激环保技术进步的作用。随着国家对"一带一路"倡议顶层设计的不断完善，以及沿线国家市场需求的显现，"走出去"不仅是环保企业自身发展的需要，也能推动中国环保产业在产业结构、规模、技术水平和市场化程度等方面的提升。

二、SWOT 分析

（一）优势分析

（1）环保产业技术体系较完备，治理经验丰富。经过数十年的发展，我国环保产业体系已基本完备，涵盖环保产品生产、资源循环利用、环境服务等多个门类，为我国环境保护事业的快速发展提供了重要的技术支撑和保障，已形成了相对完整的环保设备制造体系，大气污染治理设备、水污染治理设备和固体废物处理设备等领域达到一定规模，拥有一套较为完整的体系。2017 年，全国环保产业重点企业中，水污染防治、大气污染防治、固体废物处理处置与资源化利用及环境监测领域企业数量之和占比达 90.7%；其中，水、大气、固体废物三个领域企业的环保业务营业收入、环保业务营业利润占比分别高达 87.4%、88.8%。

（2）环保产业科技水平不断提高。通过自主研发与引进消化相结合，我国环保主导的技术与产品可以基本满足市场的需要，掌握了一批具有自主知识产权的关键技术。在大型城镇污水处理、工业废水处理、除尘脱硫、焚烧发电、垃圾填埋等方面，已具备依靠自有技术进行工程建设与设备配套的能力。

（3）环保产业发展迅速，投资需求大，有较好的市场环境。"十二五"以来，我国环保产业年均增速约为 26.9%，2016 年环保产业的营业收入是 1.15 万亿元，较上年增长约 19.8%，成为我国一个"万亿级"产业。2017 年环保产业的营业收入达 1.35 万亿元，比 2016 年增加了约 17.4%。"十三五"规划期间的全社会环保投资达 17 万亿元，环保产业也将保持年均 15% 以上的增长率。环保产业的快速发展和不断扩大的投资需求为环保产业"走出去"提供了动力。

（二）劣势分析

（1）环保企业数量较多，但总体规模较小，产业规模化效益不足。中国环保企业中经济、技术和管理实力较强的大型环保企业占比较小，小型企业占比达 85% 以上。据统计，2017 年，全国 7 095 家环保产业重点企业中，90% 以上的营业收入集中在营业收入过亿元的企业中，企业数量仅占 18.7%（1 328 家），营业收入在 2 000 万元以下的企业数量占比达 68.9%。A 股上市环保企业仅 119 家。

（2）环保产业的技术创新能力不足，研发经费投入还不能满足发展需要。中国环保技术的原创性技术不多，与国际同行相比多处于"跟跑"状态。环保技术及产品与发达国家相比仍有一定的差距，总体水平不高。技术同质化严重，缺乏高附加值产品的生产。环保企业以小型企业为主，大部分无研发活动，仅有 11% 左右的企业有研发活动，企业的研发资金约占营业收入的 3.33%，远低于欧美 15%～20% 的水平。

（3）环保产业投资总量不足，投融资渠道单一。近几年，我国环境污染治理投资总体上保持了持续增长态势，从 2001 年的 1 166.7 亿元增加到 2016 年的 9 219.8 亿元。环境污染治理投资占 GDP 的比例从 2001 年的 1.05% 增加到 2010 年的 1.84%，2010 年之后逐年下降，到 2016 年降低到 1.24%，而欧美发达国家基本都在 2% 以上。根据发达国家的经验，国家环保投入一般占 GDP 比例高于 2%，达到 3% 才能使环境质量得到明显改善，目前我国环保投资比例还很低，不能满足控制环境污染的资金需求。现行的环保投资体制尚未明确政府、企业和民众之间的环境产权及环境事权分配关系，大量的社会资本、民间资本很难进入环保领域，导致环保产业的投资满足不了环保产业本身发展的需要。

（三）机遇分析

"一带一路"倡议是中国从战略高度审视国际发展潮流，统筹国内、国际两个大局做出的重大战略决策。将生态文明理念融入"一带一路"建设，加强生态环保对"一带一路"建设的服务和支撑，发挥环保国际合作的交流平台作用，将为古丝绸之路赋予新的时代内涵，为亚欧区域和世界范围内的合作注入新的活力。伴随着"一带一路"各项措施的实施，我国环保产业国际化发展也将迎来重大发展机遇。因此，我国环保产业可以搭乘中国经济快速发展的列车，借势而上、顺势而为，积极参与国际市场的重新分工，积极参与国际市场开拓与竞争，向"一带一路"沿线国家分享中国生态文明建设经验，为国家重大战略服务。

（四）挑战分析

（1）外部竞争日益激烈。虽然"一带一路"倡议为环保产业带来了诸多机会，但是在全球化的环境下，我国环保企业仍面临激烈的竞争，如美国、日本、韩国等都是竞争的对象。同时，在经济形势整体不景气的大背景下，不仅发展中国家采用低价策略争取业务，发达国家也通过价格竞争获取投资机会。

（2）存在诸多投资风险。跨国投资具有环境复杂、投资风险较大的特点。对于企业来说，存在投资回收期长、投资收益短期内不明显的问题。在经济效益保障较弱的情况下，中小型环保企业"走出去"的步伐会受到一定限制。同时，"一带一路"沿线国家政治环境复杂，海外投资安全保障任重道远。

（3）人才供应缺口明显。人才支撑能力弱，高端国际化人才缺乏，能够提供法律保障、语言沟通、技术研发支撑服务的专家团队不足，人才交流与引进的配套政策支持力度不够，影响了企业"走出去"的持续性和长效性。

（4）环境政策、法规和标准信息不足。大部分企业特别是中小型企业，无力为"走出去"开展全面而深入的调研，对国外环保产业发展状况、行业准入要求、技术发展水平、市场需求状况、法律法规、政策要求等信息了解不足。同时，国外对中国的环保政策、标准、技术和产品也不了解，没有有效的信息平台宣传中国环保的进展和成果，帮助和推介中国企业打开国际市场，增进国内外企业互信。导致企业在"走出去"的过程中无从下手，主动性不够，无法确定有针对性的合作方式和适宜的合作深度，对海外投资的安全问题充满担忧。

通过以上分析可知，我国环保产业已经具备了"走出去"的条件，这不仅可为我国建设绿色"一带一路"保驾护航，还可开拓环保产业的发展空间，参与国际竞争，反向刺激技术进步。我国环保产业技术体系完备，经验丰富，市场环境较好，但也存在着在企业规模、技术创新、投资等方面的不足。"一带一路"倡议下环保产业"走出去"不仅面临重大历史性和战略性机遇，还面临诸多方面的挑战和风险。我国应充分发挥自身优势，克服劣势，抓住机遇，应对挑战，实现环保产业国际化健康快速发展。

三、对策与措施

（一）加强顶层设计

政府有关部门、相关企业、科研单位和有关专家要对"一带一路"沿线国家环保产业发展现状和需求进行深入调研，识别环保产业合作需求和重点领域，评估和筛选达到国际先进水平，且符合沿线国家技术经济发展水平的环保技术、工程与设备，寻找相互之间合作的结合点，制定环保产业"走出去"的路线图和实施计划。

（二）加大政策扶持

完善支撑环保产业"走出去"的法律法规和政策，加大环保产业"走出去"的资金投入，鼓励更多的社会资本参与环保产业投资，拓宽融资渠道。优化绿色金融相关配套政策，开拓更为开放的、多层次的投融资机制。

（三）构建服务平台

构建咨询服务平台，加强对企业环境政策法律方面的援助，降低企业投资风险。构建信息交流平台，分享沿线国家和我国的相关政策、标准、市场、环境等信息。构建宣传交流平台，规划和推进高层次环保产业的合作。通过各类双边、多边合作机制，以及国际环保产业论坛等形式，构建区域性的环保产业合作网络，拓展宣传交流渠道，介绍我国的环保政策和标准，宣传我国环保进展和成果，展示我国企业的实力、技术优势和示范工程项目。

（四）提高技术创新

强化科技创新和自身能力建设，提升我国环保企业的核心竞争力。建立以企业为主体，产、学、研相结合的环保技术创新体系和长效机制。加快对国外先进技术引进，同时，加强与东道国科研机构的联合研究，发展符合东道国实际情况的实用型环保技术和产品。加强队伍建设，培养国际化商务、技术专业人才。加强自主创新能力，以过硬的环保装备、产品和服务质量，树立中国环保产业的良好形象。

参考文献

[1] 环境保护部，等. 关于推进绿色"一带一路"建设的指导意见[R/OL]. [2017-05-09]. http://www.gov.

cn/xinwen/2017-05/09/content_5192214.htm.

[2] 刘雪，孙笑非，李金惠. 国际技术转移新趋势对中国环保产业"走出去"的启示[J]. 中国人口·资源与环境，2016（5）：66-69.

[3] 蒋瑜沄. 中国环保企业"走出去"仍处于初级阶段[EB/OL]. [2016-12-08]. https://www.jiemian.com/article/1003697.html.

[4] 中国环境保护产业协会. 中国环保产业发展状况报告[R]. 2018.

[5] 林流麟. 浅谈环保产业可持续发展的对策与建议[J]. 中国战略新兴产业，2018（24）：22.

[6] 丁士能，周国梅. 环保产业国际化发展的思考[N]. 中国环境报，2014-02-11（2）.

[7] 孙颖. 节能环保产业发展现状及政策建议[J]. 研究与讨论，2018（40）：23-24.

[8] 郁佳琪，耿利敏. 中国环保产业融资现状分析及融资渠道创新研究[J]. 时代金融，2017(9)：215-217.

[9] 刘婷，卢笛音，李霞. 推动我国环保产业积极主动"走出去"[N]. 中国环境报，2015-12-12（2）.

推动我国优势生态环境标准"走出去"，
助力"一带一路"倡议行稳致远

文/李盼文　田舫　刘侃　张慧勇

"一带一路"倡议的实施给全球经济发展、能源和资源的利用、生态环境保护，以及应对气候变化带来了重大机遇和挑战。一方面，很多行业采取的中国环境标准已经达到世界领先水平，能够对所在国可持续发展发挥积极作用；另一方面，共建国家和地区生态环境敏感，某些"走出去"项目面临较高的环境风险。

因此，推动中国生态环境法律法规和标准"走出去"，可以更好地防范企业境外投资和项目风险，有效发挥生态环保对"一带一路"倡议的支撑保障作用，更好地助力"一带一路"倡议走深走实、行稳致远。

本文分析了"一带一路"建设投资的重点国家和重点行业，总结了我国企业在"走出去"过程中遇到的环境标准问题，对比分析了我国生态环保标准的优势，在此基础上提出了推动我国生态环境标准"走出去"的政策建议，包括用好"一带一路"生态环境标准国际合作平台，宣传我国优势环保标准；加强基础研究，推动与重点国家的生态环境标准合作；推动"一带一路"生态环境标准能力建设，实施一批援外标准化培训项目；打造一批环保标准示范项目，推动中国标准在海外落地。

一、"一带一路"建设重点国家与重点行业分析

经贸合作是"一带一路"建设的重要内容。"一带一路"倡议提出以来，不断创新对外投资方式，促进国际产能合作，形成面向全球的贸易、投融资、生产、服务网络，对促进我国形成全面开放新格局、深化与周边国家经贸关系、推动经济全球化发展和完善全球经济治理等做出了突出贡献，给相关国家和人民带来了实实在在的好处。

1. 对外投资领域

多年来，中国与"一带一路"共建国家和地区间投资合作稳步增长，中国已经成为许多相关国家的主要投资来源地。2014—2017年，中国对"一带一路"相关国家的直接

投资由 136.6 亿美元增至 167.1 亿美元，高于同期中国对外直接投资年均 2.4%的增速。

中国对"一带一路"共建国家的投资领域比较集中。2005—2016 年，能源相关领域直接投资累计流量占所有行业投资额度的一半以上，其中，首先是电力、油气、核电、煤炭等行业，其次是金属、交通运输等行业（图 1）。据统计，亚洲基础设施投资银行 2016 年开业以来累计批准贷款 75.0 亿美元，能源项目是资金量最大的领域，达 26.5 亿美元，[1] 约占总批准贷款额度的 35.3%。但该情况自 2020 年来已发生根本性转变。

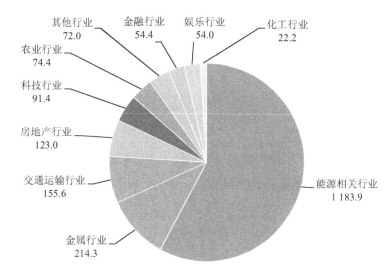

单位：亿美元

图 1　截至 2016 年中国对"一带一路"共建国家直接投资流量行业分布

从投资目的地来看，东南亚是投资最集中的地区。截至 2017 年年底，中国在东南亚地区直接投资存量为 818.6 亿美元，占中国在"一带一路"相关国家和地区投资存量总额的 56.0%。其中，新加坡、印度尼西亚、老挝、柬埔寨等国是主要投资目的地。中国对蒙古国、俄罗斯及中亚地区累计投资额为 288.1 亿美元，占比为 19.7%，其中约 50%集中在俄罗斯，约 20%集中在哈萨克斯坦。对西亚北非地区投资额为 208.4 亿美元，占比为 14.3%（图 2、图 3）。

---

① 根据亚洲基础设施投资银行官网项目的信息做出的统计。

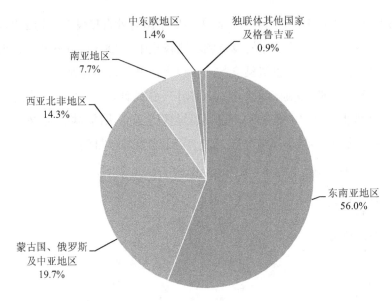

图2 截至2017年中国对"一带一路"共建国家投资存量区域分布

数据来源:《中国"一带一路"贸易投资发展研究报告(2014—2017)》。

投资存量/亿美元

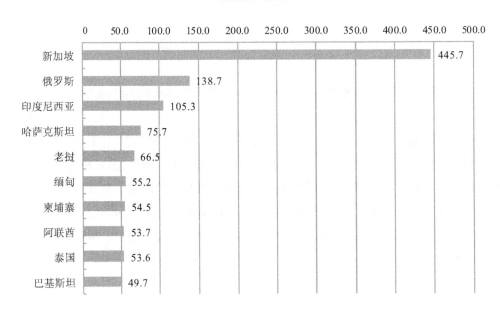

图3 2017年中国对"一带一路"共建国家投资存量前10国别分布

数据来源:《中国对外投资发展报告2018》。

2. 承包工程领域

基础设施互联互通作为"一带一路"倡议的重要组成部分，极大地促进了对外承包工程的快速发展，使其成为"一带一路"经济合作的新增长点。2013—2018 年，中国在"一带一路"沿线国家承包工程新签合同额由 719.4 亿美元增至 1 257.8 亿美元，年均增长 12.5%；完成营业额由 640.5 亿美元增至 893.3 亿美元，年均增长 6.6%（图 4）。同期，与"一带一路"沿线国家新签承包工程合同额和完成营业额，占中国对外承包工程新签合同总额和完成营业总额比例始终保持在 40.0% 以上，2017 年与 2018 年两项占比均超过 50.0%。

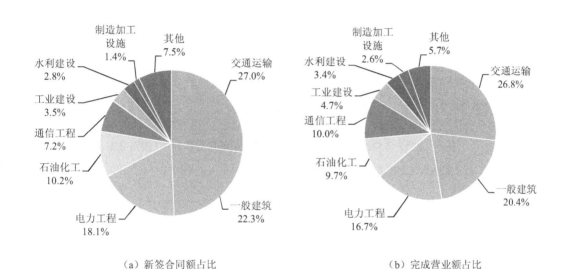

（a）新签合同额占比 　　　　（b）完成营业额占比

图 4　2017 年中国在"一带一路"共建国家各领域承包工程占比

数据来源：《中国对外承包工程发展报告 2017—2018》。

中国企业对外承包工程主要集中在电力（包括水电、火电、输电网络）、交通运输（包括港口、铁路、公路、航空）、一般建筑、通信等行业。2019 年第一季度，电力工程建设和交通运输建设行业对外承包工程完成营业额合计占比近 60.0%，[①]有效改善了东道国基础设施条件。

从地区和国别来看，中国在"一带一路"共建国家的承包工程集中在亚洲和非洲。亚非地区基础设施建设需求量大，带动了当地承包工程的快速发展，包括巴基斯坦、马来西亚、印度尼西亚、肯尼亚、埃塞俄比亚、尼日利亚等国（图 5）。

---

① 商务部网站。

图5 2017年中国在"一带一路"共建国家承包工程前10国别分布

数据来源:《中国对外承包工程发展报告 2017—2018》。

综上所述,东南亚是"一带一路"对外投资和承包工程最为集中的地区。其中,新加坡、柬埔寨、老挝、印度尼西亚、马来西亚等国家是主要目的地,其次是蒙古国、俄罗斯,哈萨克斯坦等中亚地区,巴基斯坦等南亚地区,以及肯尼亚、埃塞俄比亚等非洲国家。行业方面,对外投资领域主要集中在能源、金属、交通三个方面,承包工程则集中在交通、电力、建筑三个方面。

二、企业"走出去"面临的生态环境标准挑战

(一)东道国宽松的标准给"属地适用"原则带来挑战

从"一带一路"项目实施情况来看,国际上的通行准则是"属地适用"原则,即满足项目所在地的生态环境标准,日本、美国等发达国家企业在境外的项目也大都采用这一原则。目前,中国境外投资合作项目基本沿用该原则。然而,部分共建国家环境标准相对较低,对污染物排放的限制比较宽松,例如,印度尼西亚的火电厂二氧化硫排放标准是中国的 20 倍,菲律宾对二氧化硫、氮氧化物和颗粒物的排放上限是中国标准的 20～50 倍。

（二）对外投资的中资机构社会环境风险管理意识有待提升

目前，对外投资的中资机构，在环境和社会风险管理的意识和能力、体制与机制等方面差异较大。中企海外投资项目的环境影响评价大多委托当地机构完成，企业自身需进一步加强对当地环保法规标准的实地调研和充分了解，加大对企业自身环保措施的宣传力度。

（三）相关指导性文件仍需细化

早在 2013 年，商务部联合环境保护部出台了《对外投资合作环境保护指南》（以下简称《指南》），指导我国企业在对外投资合作中进一步规范环境保护行为。2017 年，多家金融机构联合发布了《中国对外投资环境风险管理倡议》（以下简称《倡议》），鼓励和引导中国金融机构和企业在对外投资过程中强化环境风险管理。然而，后续仍需针对不同国别、不同行业的细化环保要求，对企业遵守当地环保法规标准的指导仍需加强。

三、中国生态环保标准"走出去"优势分析

（一）中国与相关重点国家开展生态环境标准合作基础良好

部分"一带一路"共建国家环境管理能力较弱，为我国生态环境标准"走出去"带来了较大空间和机遇。目前，国际上尚未就环境质量和污染物排放标准达成具有法律约束力的共识文件。东南亚、中亚、非洲等重点国家中有相当一部分国家的生态环境标准体系还有待完善。部分国家参照欧盟标准制定了本国标准，但普遍低于欧盟标准；部分国家则直接引用世界卫生组织或者欧盟标准，在实施过程中并不适用于当地的生态环境现状。相比之下，中国相关行业在规模、技术水平、节能环保、国际竞争力等方面均具有突出的优势，中老铁路、蒙内铁路等重点工程项目的实施更是推动了许多工程技术标准在上述国家的应用推广，为我国与这些国家开展标准合作带来了较大空间和机遇。

我国的环境标准经历了长时间的摸索和实践，已经形成了符合经济社会发展现状的标准体系，具备"走出去"的实力和可行性。以大气污染物排放标准为例，对比中国与新加坡、印度尼西亚、巴基斯坦、孟加拉国、土耳其、马来西亚等"一带一路"重点国家的大气污染物排放标准（表 1），我国的排放标准具备明显优势，严格的环境标准对于当地的环境保护能够起到促进作用。

表 1　部分"一带一路"共建国家大气污染物排放标准　　　单位：毫克/米³

污染物	排放标准						
	中国（有不同行业标准，此处以火电行业为例）	新加坡	印度尼西亚	巴基斯坦	孟加拉国	土耳其	马来西亚
颗粒物	30	50	100	500	150	30	50
二氧化硫	100	500	750	1 700	200	200	500
氮氧化物	100	400	750	1 200	510	200	500

国际平台和国际合作机制为我国环境标准"走出去"提供了重要窗口和渠道。在 2019 年 4 月第二届"一带一路"国际合作高峰论坛上，生态环境部与中外合作伙伴共同启动了"一带一路"绿色发展国际联盟，正式发布了"一带一路"生态环保大数据服务平台门户网站。此外，中国还在东南亚、中亚、非洲等区域开展了一系列环境政策交流活动。这些国际平台和国际合作机制为推动生态环境标准务实合作奠定了坚实基础。

（二）中国部分行业排放标准已经达到国际领先水准

我国已经建立了比较完善的生态环境标准体系，包括国家环境保护标准、地方环境保护标准、国家环境保护行业标准三个层面。国家级标准形成了涵盖环境质量标准、污染物排放标准、环境监测类标准、环境基础标准和环境管理规范类标准的生态环境标准体系。在这五类标准中，与"一带一路"建设关系较密切的是污染物排放标准。我国的污染物排放标准，无论是指标设置还是限值选取，都与欧美等发达国家和地区基本相当。我国近几年发布的部分污染物排放标准比欧盟标准更加严格，以火电、钢铁、纺织染整、水泥四个行业为代表。

（1）火电行业。火电行业是大气污染物的重要排放源之一。改革开放 40 多年来，中国电力得到了快速发展，总装机容量从 1978 年的 5 712 万千瓦发展到 2017 年的 17.77 亿千瓦，其中火电装机容量从 3 984 万千瓦发展到 11.06 亿千瓦。伴随着火电行业的快速发展，中国火电厂大气污染物排放标准日趋严格，目前已领先世界。

我国现行火电厂大气污染物的排放标准为 2011 年 7 月出台的《火电厂大气污染物排放标准》（GB 13223—2011），规定重点地区燃煤锅炉的烟尘排放浓度不大于 20 毫克/米³，二氧化硫排放浓度不大于 50 毫克/米³，氮氧化物排放浓度不大于 100 毫克/米³，该限值的排放控制水平达到国际先进或领先水平。

在 GB 13223—2011 特别排放限值基础上，《全面实施燃煤电厂超低排放和节能改造工作方案》对燃煤电厂提出超低排放标准，要求燃煤机组达到天然气燃气轮机组的排放限值标准，即在基准氧含量 6.0% 的条件下，烟尘排放浓度不大于 10 毫克/米³，二氧化硫排放浓度不大于 35 毫克/米³，氮氧化物排放浓度不大于 50 毫克/米³。

中国、美国、欧盟、国际金融公司燃煤电厂大气污染物排放限值比较见表2。

表2 中国、美国、欧盟、国际金融公司燃煤电厂大气污染物排放限值比较　单位：毫克/米^3

污染物	机组状态	超低排放	中国 GB 13223—2011	美国	欧盟	国际金融公司
烟尘	新建	10	30； 重点地区 20	12.3	10（>300 兆瓦）； 20（100～300 兆瓦）； 20（50～100 兆瓦）	30（>600 兆瓦）； 30（50～600 兆瓦）
烟尘	现有	10	30； 重点地区 20	18.5	20（>300 兆瓦）； 25（100～300 兆瓦）； 30（50～100 兆瓦）	30（>600 兆瓦）； 30（50～600 兆瓦）
二氧化硫	新建	35	100； 重点地区 50	136.1	150（>300 兆瓦）； 200（100～300 兆瓦）； 400（50～100 兆瓦）	200（>600 兆瓦）； 400（50～600 兆瓦）
二氧化硫	现有	35	200； 重点地区 50	185	200（>300 兆瓦）； 250（100～300 兆瓦）； 400（50～100 兆瓦）	200（>600 兆瓦）； 400（50～600 兆瓦）
氮氧化物	新建	50	100； 重点地区 100	95.3	150（>300 兆瓦）； 200（100～300 兆瓦）； 300（50～100 兆瓦）	200
氮氧化物	现有	50	100； 重点地区 100	135	200（>300 兆瓦）； 200（100～300 兆瓦）； 300（50～100 兆瓦）	200

综合对比中国、美国、欧盟以及国际金融公司的燃煤电厂烟尘、二氧化硫、氮氧化物的排放限值，中国超低排放标准在三项污染物排放限值上均严于美国和欧盟标准：烟尘排放限值为美国排放标准的 81.3%，二氧化硫排放限值仅为美国排放标准的 25%，氮氧化物排放限值为美国排放标准的 52%。与欧盟标准相比，中国烟尘 10 毫克/米^3 的超低排放限值与之相当，但部分省市新建机组和一定规模以上机组执行 5 毫克/米^3，仅为欧盟最严排放标准限值的 50%；二氧化硫为欧盟排放标准的 23%；氮氧化物为欧盟排放标准的 33%。

由此可见，中国火电行业目前实施的超低排放限值明显严于美国、欧盟现行排放标准限值，已经达到国际先进甚至领先水平。更值得关注的是，中国超低排放限值符合率的评判标准为小时浓度，而美国排放标准限值的评判标准为 30 天滚动平均值，欧盟排放标准限值的评判标准为日历月均值。因此，从符合率评判方法来说，中国短期内要求符合的超低排放限值比美国和欧盟要求符合的长时间段内平均浓度标准限值都要严格得多。

（2）钢铁行业。我国于 2012 年 6 月出台了《钢铁烧结、球团工业大气污染物排放标准》（GB 28662—2012）、《炼铁工业大气污染物排放标准》（GB 28663—2012）、《炼钢工业大气污染物排放标准》(GB 28664—2012)、《炼焦化学工业污染物排放标准》(GB 16171—2012)四项标准,并于 2017 年 6 月制定了《钢铁烧结、球团工业大气污染物排放标准》修改单,加严了钢铁烧结、球团工业大气污染物特别排放限值,对重点地区的环境空气质量管理提出了更高要求。

在国家级标准的基础上,中国 2019 年 4 月发布的《关于推进实施钢铁行业超低排放的意见》要求烧结机机头、球团焙烧烟气颗粒物、二氧化硫、氮氧化物排放小时浓度均值分别不高于 10 毫克/米³、35 毫克/米³、50 毫克/米³,远低于美国、欧盟、日本等发达国家和地区水平。

中国、美国、欧盟、日本钢铁行业大气污染物排放限值比较见表 3。

表 3　中国、美国、欧盟、日本钢铁行业大气污染物排放限值比较　　单位:毫克/米³

污染物	企业状态	超低排放	中国国标	美国	欧盟	日本
颗粒物	新建	10	50; 重点地区 20	22.9	1~15(袋式除尘)、 20~40(静电除尘)	50(焙烧炉)、 100(烧结炉)、 30(高炉)
	现有		80	68.7		
二氧化硫	新建	35	200; 重点地区 180	90.72	350~500(袋式除尘)、 100(活性炭)	实施分区总量控制
	现有		600; 重点地区 180			
氮氧化物	新建	50	300; 重点地区 300	95.3	120~500	220(焙烧炉、烧结炉)、 100(高炉)
	现有		500; 重点地区 300			

综合对比中国、美国、欧盟以及日本的钢铁行业颗粒物、二氧化硫、氮氧化物的排放限值,中国超低排放标准在三项污染物排放限值上均严于美国和欧盟标准:颗粒物排放限值为美国排放标准的 43.7%,二氧化硫排放限值为美国排放标准的 38.6%,氮氧化物排放限值为美国排放标准的 52.5%。与欧盟标准相比,中国颗粒物 10 毫克/米³ 的超低排放限值与之相当,二氧化硫排放限值仅为欧盟排放标准的 35%,氮氧化物排放限值为欧盟排放标准的 42%。可见,中国目前实施的钢铁行业超低排放限值明显严于美国、欧盟现行排放标准限值,已经达到国际先进甚至领先水平。

(3)纺织染整行业。纺织染整行业是我国发展最早且具有国际竞争力的传统优势产业。随着"一带一路"建设的不断推进,中国纺织业也进入了全球布局阶段。据商务部统计,2013—2017 年第三季度,我国纺织业对"一带一路"沿线投资总额为 54.94 亿美元,占同期纺织业全球投资总额的 84.7%。

纺织染整行业是典型的高能耗、高水耗和重点污染行业之一。目前我国实行的纺织行业污染物排放标准为 2012 年 10 月出台的《纺织染整工业水污染物排放标准》（GB 4287—2012），控制指标包括 pH、化学需氧量（COD_{Cr}）、五日生化需氧量（BOD_5）、悬浮物、色度、氨氮、总氮、总磷等。

中国、美国、欧盟、德国、日本纺织染整工业部分水污染物排放限值比较见表 4。

表 4　中国、美国、欧盟、德国、日本纺织染整工业部分水污染物排放限值比较　　单位：毫克/升

污染物	中国	美国	欧盟（BAT排放现状）	德国	日本
COD_{Cr}	100（现有企业）；80（新建企业）；60（敏感区）	60（织物整理）；84.6（纱线整理）	120～250	160	120；30/20（琵琶湖标准，现有企业/新建企业）
BOD_5	25（现有企业）；20（新建企业）；15（敏感区）	5（织物整理）；6.8（纱线整理）	1～18	25	120；20/15（琵琶湖标准，现有企业/新建企业）
悬浮物	60（现有企业）；50（新建企业）；20（敏感区）	21.8（织物整理）；17.4（纱线整理）	10～20	—	150；70/70（琵琶湖标准，现有企业/新建企业）
总氮	20（现有企业）；15（新建企业）；12（敏感区）	—	—	20	60；8/8（琵琶湖标准，现有企业/新建企业）
总磷	1.0（现有企业）；0.5（新建企业）；0.5（敏感区）	—	0.2～1.5	2	8；0.8/0.5（琵琶湖标准，现有企业/新建企业）

从以上对比可以看出，中国纺织染整行业的水污染物排放限值明显比欧盟、德国和日本的标准低，仅次于美国标准。美国、德国、欧盟的标准以最佳实用技术分析，化学需氧量大多控制在 130～160 毫克/升，与我国《纺织染整工业水污染物排放标准》（GB 4287—1992）基本相似，而我国新一版标准则明显严格了要求。同时，我国的污染物限值种类最多，可以更加全面地防控纺织业造成的水污染。

（4）水泥行业。"一带一路"建设为有关国家提供了发展基础设施的重要机遇，水泥企业也纷纷走出国门，投身"一带一路"建设，在乌兹别克斯坦、马来西亚、尼泊尔、印度尼西亚、缅甸、柬埔寨、老挝等国均有建厂投产。受水泥生产工艺、所采用的原料和燃料的限制，水泥生产过程中排放的废气，无论是飘浮在其中的固体悬浮物，还是废气中的氮氧化物、二氧化硫都有可能造成大气污染。

我国从 1985 年第一版《水泥工业污染物排放标准》起，历经 1996 年、2004 年、2013年三次修订，标准的制定思路、管控的污染物项目、排放限值严格程度等都发生了很大变化。目前执行的标准为《水泥工业大气污染物排放标准》（GB 4915—2013），控制指标包括颗粒物浓度、二氧化硫浓度、氮氧化物浓度、氟化物浓度等。

中国、美国、欧盟、日本水泥工业大气污染物排放限值比较见表 5。

表 5 中国、美国、欧盟、日本水泥工业大气污染物排放限值比较　单位：毫克/米^3

污染物	中国	美国	欧盟	日本
颗粒物	30（一般地区）； 20（重点地区）	4（新建）； 14（现有）	10～20	100（一般地区）； 50（重点地区）
氮氧化物	400（一般地区）； 320（重点地区）	300	200～450	按气量规模分，大型 500、小型 700
二氧化硫	200（一般地区）； 100（重点地区）	80	50～400	K 值法，各地区不 同，无固定限值

从标准对比来看，中国的颗粒物控制与美国、欧盟的要求还有少许差距，但氮氧化物、二氧化硫控制已达到了国际最先进的污染控制水平。欧盟 BAT 指南仅指明了最佳控制水平，并不是现实执行的标准，如对环保要求非常严格的德国，水泥工业执行的限值为颗粒物 20 毫克/米^3、氮氧化物 500 毫克/米^3、二氧化硫 350 毫克/米^3。可见中国水泥工业排放标准严于欧盟、日本等绝大多数地区和国家的标准，仅略宽松于美国的标准。考虑中国考核的是污染物浓度小时均值，而国外一般为日均值甚至月均值，相同限值水平下中国标准要严格得多。

四、推动我国生态环境标准"走出去"的政策建议

（一）用好"一带一路"生态环境标准国际合作平台，宣传中国具有优势的生态环境标准

积极利用"一带一路"绿色发展国际联盟等各类生态环保国际合作机制及平台资源，加强与共建国家在环境保护法规、制度、标准等方面的沟通与交流。主动谋划，在相关谈判和项目合作中宣传和推广我国环保标准示范项目，推动我国生态环保标准"走出去"。通过"一带一路"生态环保大数据服务平台建设"一带一路"生态环境标准数据库，收集整理共建国家生态环境与资源状况，以及相关政策、法规、标准等信息，不断推进中国环保标准与国际接轨。

（二）加强基础研究，推动与重点国家的生态环境标准合作

中国火电、钢铁、纺织染整、水泥等行业的排放标准已具有国际领先优势，建议以这些行业为突破口，开展"一带一路"国内外生态环境标准对比研究，组织对中国生态

环境标准进行翻译，积极推广中国环境技术标准。此外，从交通、电力、信息基础设施领域的标准合作情况来看，新加坡、柬埔寨、老挝、泰国、俄罗斯、肯尼亚、埃塞俄比亚等重点国家对于中国标准的接受度较高，是开展生态环境标准合作的最佳切入点和着力点，建议推动与这些国家签署环境框架协议，支持有关国家开展生态环境标准联合研究，共同制定国际标准，并逐步推广至其他"一带一路"共建国家及其他优势领域，推动提升中国环保标准的国际化水平和能力。

（三）推动"一带一路"生态环境标准能力建设，实施一批援外标准化培训项目

通过开展培训、交流研讨等活动，分享和推广中国经验，帮助决策者完善本国生态环境标准体系，为共建国家解决环境问题提供经验和借鉴，提升东道国的标准制定和执行能力。通过系列培训和研究明确"一带一路"共建国家生态环境标准需求，加大中国环境技术标准的推广力度，争取让中国标准为更多的"一带一路"沿线国家所认同和接受。

（四）打造一批环保标准示范项目，推动中国标准在海外落地

优先配合"一带一路"重点工程项目推广中国生态环境标准，推动在重大国际产能合作和基础设施建设中采用高于当地的中国生态环境标准，以大型基础设施建设和产能合作项目带动优势生态环境标准"走出去"。利用好中国—柬埔寨、中国—老挝和中国—非洲环境合作中心等合作平台，推动在柬埔寨、老挝、肯尼亚等重点国家设计打造高标准示范项目；在境外产业园区、经贸园区建设中借鉴生态工业示范园区标准，推动中国标准的海外落地。

参考文献

[1] 李宇英. 从世行及部分国家电厂排放标准探讨环保设计[J]. 电力勘测设计，2017（5）：40-44.

[2] 自然资源保护协会，中国钢铁工业协会，等. 中国高耗能行业"一带一路"绿色产能合作发展报告[R]. 2018.

[3] 全球煤炭研究网络，塞拉俱乐部. 绿色和平、繁荣与衰落 2016——追踪全球燃煤发电厂[R]. 2016.

[4] 王英旭."一带一路"倡议下我国对外投资的环境风险评价[D]. 长春：吉林大学，2018.

[5] 商务部，国家统计局，国家外汇管理局. 2016 年度中国对外直接投资统计公报[R]. 2016.

[6] 张继栋，潘健，杨荣磊，等. 绿色"一带一路"建设顶层设计研究与思考[J]. 全球化，2018（11）：42-50.

从应对气候变化 实现全球控温目标

论推进"一带一路"绿色矿业资源合作倡议①

文/张彦著

2019 年 5 月 1 日，世界银行启动气候智慧型矿业基金，这是史上首个致力于推动矿业发展与应对气候变化及促进可持续发展协同的基金。该基金将支持风能、太阳能、储能电池、电动汽车等清洁能源技术中使用的矿产品和金属的可持续开采与加工，其重点是帮助资源丰富的发展中国家从全球 2℃情景对矿产和金属日益增长的需求中受益，同时确保矿业管理方式能够最大限度地减少环境和气候足迹。②

该基金产生于世界银行报告《矿产和金属对低碳未来日益增长的作用》，该报告发现低碳未来的矿产密集度远高于常规情景。要实现低碳经济，到 2050 年，全球对锂、石墨和镍等战略性矿产的需求将分别猛增 965%、383% 和 108%。矿产和金属需求的增长为矿产丰富的发展中国家提供机会的同时也构成挑战：如果不采取气候智慧型采矿做法，矿业生产的负面影响就会增加，对脆弱的社区与环境就会造成影响。③、④

世界银行支持向气候智慧型矿业和可持续绿色价值链的低碳转型。发展中国家可以在这一转型中发挥主导作用：以尊重社区和生态环境的方式开发战略性矿产。拥有战略矿产资源的国家真正有机会从全球清洁能源转型中获益。⑤

世界银行的目标是总投资 5 000 万美元，在 5 年时间内进行部署。该气候智慧型矿业基金将侧重于围绕四个核心主题的活动：减缓气候变化，适应气候变化，减少物质影响并创造市场机会，促进去碳化和减少清洁能源技术所需的关键矿产供应链中的物质影响。

传统采矿与冶金行业与应对气候变化及新能源相关部门之间往往有隔阂或缺乏有效

---

① 本书出版时，本文部分内容已被学术期刊定稿录用，拟发表。

② 世界银行. 世界银行新基金支持气候智慧型矿业促进能源转型[R]. 2019.

③ 这个多方捐助的信托基金将与发展中国家和新兴经济体合作，在整个矿业产业链中实施可持续和负责任的战略和做法。基金的合作伙伴包括德国政府和私营公司、力拓和英美资源集团。该基金还将协助各国政府建立健全政策、监管和法律框架，促进气候智慧型矿业，为私人资本创造有利的环境。

④ World Bank Group. The Growing Role of Minerals and Metals for a Low Carbon Future，2017. http://documents.worldbank. org/curated/en/207371500386458722/The-Growing-Role-of-Minerals-and-Metals-for-a- Low- Carbon-Future.

⑤ 同②.

的合作，这是一种错误的"利益冲突"和"价值观冲突"导致的结果。事实上，应对气候变化需要有效的、可持续的采矿与冶金保障。正如联合国环境规划署国际资源专家组（UNEP-International Resource Panel）的知名学者 Ali 在权威科学期刊《自然》（Nature）上的文章中指出："向低碳社会的转型变化，需要大量的金属与矿物资源。矿产资源开发与气候变化有不可分割的联系，不仅因为采矿需要消耗大量的能源，而且因为如果没有足够的矿产原材料供给来生产清洁能源技术设备，[①] 世界就无法应对气候变化。"[②]

到 2050 年，全球人口将达到 90 亿人。城市化进程、能源供给、基础设施建设和实现全球脱贫将给全球自然资源和生态环境带来前所未有的压力。实现低碳发展、提高资源利用效率、可持续资源开发以及降低资源开发利用对生态环境的破坏是未来增进全球人类福祉的必由之路。

中国正引导应对气候变化的国际合作，成为全球生态文明建设的重要参与者、贡献者、引领者。中国已经成为世界节能和利用新能源、可再生能源第一大国。2018 年 10 月，国家发展改革委能源研究所发布《中国可再生能源展望 2018》，展示了中国能源系统从化石能源向可再生能源转型的可行路径和必要步骤：中国化石能源消费总量将在 2020 年达峰，2035 年之前稳步下降；随着发电经济性的提高，下一个 10 年中国将迎来光伏与风电大规模建设高峰，到 2050 年，风能和太阳能将成为我国能源系统的绝对主力。这意味着中国将需要开采或进口大量的关键金属及矿物原材料以生产和建设能够保障本国低碳转型需求的可再生能源设备和系统。而如果"中国制造"要引领全球可持续能源设备系统的生产与建设，[③] 则意味着对全球更大的矿物与金属需求。可持续的全球矿业资源开采与加工合作对于实现全球控温 2℃至关重要。

"一带一路"沿线国家拥有丰富的矿产资源，与中国资源合作进展迅速、合作潜力巨大，[④] 同时与中国合作具有资源互补、经济互助的特点。[⑤] 经济合作的深化必然大幅提升对资源合作的需求，为我国提供战略机遇。"一带一路"矿业开发与合作对我国及相关国家经济利益和引领世界实现全球控温 2℃有重大意义。

习近平生态文明思想中的系统性、整体性、协同性理念可在"一带一路"绿色矿业资源开发与合作中得到充分体现。推进"一带一路"绿色矿业资源合作倡议，对于应对气候变化、实现《巴黎协定》2℃控温以及促进"一带一路"经贸合作、共同实现 2030 年可持续发展目标有着重要意义。建议：一是以实现全球控温 2℃的低碳转型为目标指导资源开采与利用工作；二是在"一带一路"矿业合作中推广绿色供应链管理，切实保障我国

① 生产风能、太阳能等新能源设备需要大量的关键金属，如铜、铁矿石、银、锂、铝、镍、锰、锌、铂、铬等。
② Ali S H, Giurco D, Edmind N, et al. Mineral Supply for Sustainable Development Requires Resource Governance[J]. Nature, 2017, 543: 367-372.
③ 我国引领全球新能源技术市场，"中国制造"为世界提供可再生能源（如风能、太阳能）设备和基础设施。
④ 于宏源. 矿产资源安全与"一带一路"矿产资源风险应对[J]. 太平洋学报, 2018, 26 (05): 51-62.
⑤ 顾海旭, 荣冬梅, 刘伯恩. "一带一路"背景下我国矿产资源战略研究[J]. 当代经济, 2015 (22): 6-8.

矿产资源外交和资源供应的稳定性;三是结合"一带一路"建设布局和矿业"走出去"战略,推广中国绿色矿山治理的实践。

一、实现全球控温 2℃意味着对矿产资源需求大幅上升

国际社会在讨论低碳发展和矿业行业前景时,常常关注的是为了实现《巴黎协定》所要求的全球控温 2℃目标(后提出更为严峻的 1.5℃目标)而需要减少煤炭资源的开采和使用(尽管也有观点提出碳捕集技术的发展可应对煤炭资源产能所排放的 CO_2),往往忽略了建造可再生能源系统与低碳基础设施实际上意味着对金属等矿产资源原材料需求的大幅增长。

矿产和金属将在低碳转型过程中发挥关键作用,这种趋势可能对矿产和金属市场产生重大影响。未来转向以低碳发电和节能技术为基础的低碳经济,将改变对矿产和金属需求的规模和比例。

国际能源署(IEA)的《能源技术展望 2016》(表 1)指出实现全球变暖 2℃、4℃和 6℃对可再生能源发展意味着不同的发展要求[①]。6℃的升温意味着可再生能源需要从现在能源组合中 14%的占比提高至 18%,而实现 2℃变暖则需要可再生能源占比提高至 44%。向清洁能源(风能、太阳能、氢电能和生物质能等)转型,意味着与目前传统的以化石燃料为基础的能源供应系统相比,要消耗更多的矿物与金属材料。研究表明,低碳技术需求与金属矿物需求相辅相成,在 4℃和 2℃的情景下这种需求大幅增加。最典型的例子是电动蓄电池,其中金属铝、钴、铁、铅、锂、锰和镍的需求量增长从 4℃的相对温和水平到 2℃的 1 000%以上。原材料需求的大幅度增长意味着全球采矿项目和矿物加工产业的增加。

表 1　国际能源署《能源技术展望 2016》[②]

情景	描述
2℃升温	2℃升温给出了所需要的能源系统部署路径和碳排放轨迹,限制了到 2100 年与能源有关的碳排放量为 1 000 吉吨,并且意味着到 2050 年全球化石燃料燃烧和工业排放将减少 60%
4℃升温	各国当前现有的减排和提高能源效率的承诺,有助于将升温控制在 4℃之内。应该注意到,尽管 4℃的升温不能达到《巴黎协定》的要求,仍会导致危险的全球变暖,但实现 4℃控温仍需要对现有的政策和技术进行重大的转变。此外,如果长期控温在 4℃以内,还需要在 2050 年以后大幅减排
6℃升温	6℃升温很大程度上是当前趋势的延伸,二氧化碳排放量到 2050 年将增长 60%,大约 1 700 吉吨。在没有做出任何控制大气中温室气体努力的情况下,到 21 世纪末温度将升高(较工业化前水平)约 4℃,并在未来达到近 5.5℃

国际能源署《能源技术展望 2016》分析了全球控温 2℃、4℃和 6℃情景下的减排目标,

① World Bank Group. The Growing Role of Minerals and Metals for a Low Carbon Future[EB/OL]. 2017. http://documents.worldbank. org/curated/en/207371500386458722/The-Growing-Role-of-Minerals-and-Metals-for-a- Low- Carbon-Future.
② International Energy Agency. Energy Technology Perspectives 2016[R]. 2016.

以及其意味的全球能源系统组成的重大改变。可见实现 2℃控温不仅意味着对能源产出总量进行控制，还意味着可再生能源所占比例的大幅增加。世界银行与国际采矿和金属理事会（International Council on Mining and Metals）合作，利用现有的最新数据，对低碳转型实现 2℃升温和 4℃升温所引发的能源变革对未来金属矿产的需求进行了预测分析。研究表明，全球经济低碳转型将刺激需求增长的金属主要包括铝（包括铝土矿）、钴、铜、铁矿石、铅、锂、镍、锰、铂族金属、稀土金属（镝、钕、钕）、铟、银、钢、钛和锌等。

图 1 展示了国际能源署能源技术展望 2℃、4℃、6℃情景下未来风能预测；图 2 展示了 2050 年风能技术供应的金属需求情景（以 2℃情景和 4℃情景为对比）；图 3 展示了国际能源署能源技术展望 2℃、4℃、6℃情景下未来太阳能预测；图 4 展示了 2050 年太阳能技术供应的金属需求情景（以 2℃情景和 4℃情景为对比）。

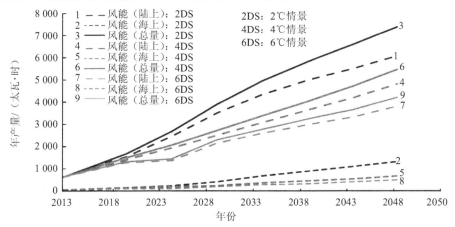

图 1 国际能源署能源技术展望 2℃、4℃、6℃情景下未来风能预测

资料来源：World Bank Group，2017。

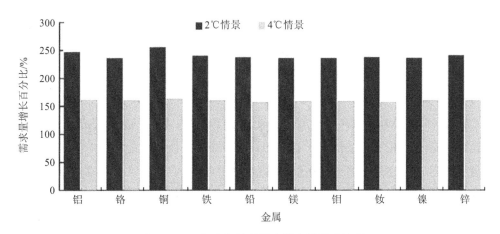

图 2 2050 年风能技术供应的金属需求情景

资料来源：World Bank Group，2017。

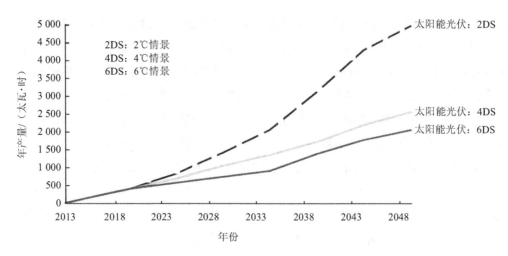

图3 国际能源署能源技术展望2℃、4℃、6℃情景下未来太阳能预测

资料来源：World Bank Group，2017。

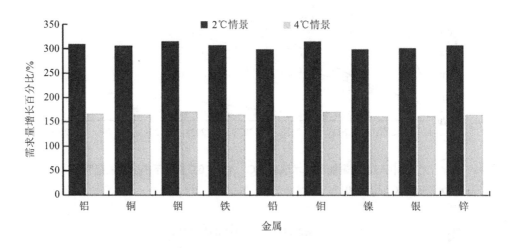

图4 2050年太阳能技术供应的金属需求情景

资料来源：World Bank Group，2017。

IEA的研究显示在全球实现应对气候变化2℃升温或4℃升温的未来情景下，风能和太阳能年产能将大幅提升。到2050年，2℃升温情景下风能年产能是2018年水平的8倍，太阳能年产能是2018年水平的10倍。而在2050年时间节点，2℃升温情景下风能产能将是目前发展趋势（business-as-usual趋势，即6℃升温情景下的增长趋势）下届时年产能的2倍（8 000太瓦·时：4 000太瓦·时），太阳能则是3倍以上（5 000太瓦·时：1 500太瓦·时）。为满足这种可再生能源大幅增长需求，风能和太阳能技术设备的生产和基础设施的建设意味着对多种关键金属矿物需求量的大幅度增长。在实现2℃升温情景下，风能技术发展需要多种相关的金属矿物（铝、铬、铜、铁、铅、镁、钼、钕、镍、锌）增长量约250%，太阳能技术发展需要多种相关的金属矿物（铝、铜、铟、铁、铅、钼、镍、银、锌）增长量约300%。

　　更为严峻的是，低碳转型所需发展的储能技术（Energy Storage Technologies），包括各种电池技术和电网系统储能技术，对多种战略性关键金属的需求量巨大。如图5所示，在实现2℃升温情景下，储能技术设备及系统的未来发展趋势意味着对多种战略性关键金属矿产需求量增长百分比高达1 200%。

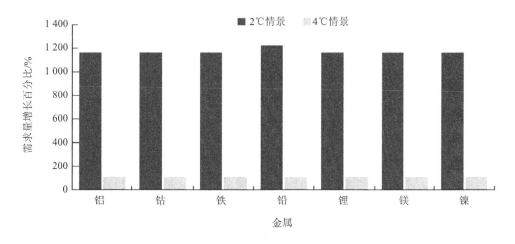

图5　2050年储能技术系统的金属需求情景

资料来源：World Bank Group，2017。

　　此外，不仅风能、太阳能和储能系统对金属矿物需求量大，世界银行的研究报告系统地展示了各种低碳技术（如风能、太阳能、聚光太阳能、碳捕集、核能、发光二极管、电动汽车、储能系统、电动摩托车）对多种关键金属的需求，如表2所示。多种低碳技术2050年对多种金属矿产的需求增长量如图6所示，2℃升温与4℃升温情景相比，锂、锰需求增长显著。此外，若2℃升温情景与6℃升温情景相比，锂的累计需求量将增长1 060%，锰需求量将增长2 590%。

表2　多种低碳技术对金属矿物资源的需求

金属矿物	风能	太阳能	聚光太阳能	碳捕集	核能	发光二极管	电动汽车	储能系统	电动摩托
铝	X	X	X	X		X		X	X
铬	X			X	X	X			
钴				X	X		X	X	
铜	X	X		X	X	X	X		X

金属矿物	风能	太阳能	聚光太阳能	碳捕集	核能	发光二极管	电动汽车	储能系统	电动摩托
钢		X			X	X	X		
铁（铸）	X		X			X		X	
铁（镁）	X								X
铅	X	X							
锂							X	X	
镁	X			X					
钼	X	X		X	X	X			
钕	X						X		
镍	X	X		X	X		X	X	
银		X	X		X	X	X		
钢	X								
锌		X				X			

资料来源：World Bank Group，2017。

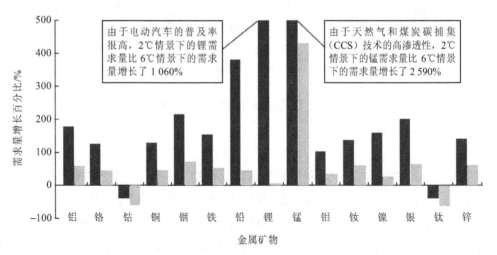

图 6　低碳技术控温 2℃与 4℃情景下 2050 年对多种金属矿产的需求

资料来源：World Bank Group，2017。

二、全球低碳转型引发的采矿需求对发展中国家的意义

全球不可再生矿物资源在 81 个国家中占主导地位，这些国家的经济占世界经济总量的 1/4，人口约占世界总人口的一半。但这些国家人口中约有 70%仍处于极端贫困状态。因此，越来越多的低收入国家注重将矿产资源开采和加工作为促进其经济增长的重要活

动,以实现 2030 年可持续发展目标中的"消除贫困""工业发展"等多项目标。

世界银行报告指出,发展中国家必须更好地决定如何利用未来的商品市场,以实现可持续发展目标。值得注意的是,这些关键金属在发展中国家的储量占比与目前开采量占比不协调。例如,目前发现全球 94%的铝土矿在发展中国家,不包括中国在内的国家占全球已知储量的 63%,但其产量仅占全球的 30%。特别是几内亚拥有全球已知储量的 26%,但只产出全球 6.5%的产量。[①]因此,发展中国家为实现全球低碳转型将在关键金属矿产的开发领域大有作为。我国在低碳技术所需的关键金属储量和开采方面占有优势,这是我国引领全球低碳转型的物质基础。

三、"一带一路"矿业开发与合作对我国及相关国家经济发展和世界实现全球控温 2℃都有重大意义

(一)"一带一路"矿业开发与合作对我国及相关国家经济发展意义重大

矿产资源是工农业生产与消费中重要的原材料之一,矿业事关国家产业安全、经济安全、国防安全等,是国民经济的重要基础,是其他产业部门发展的硬约束条件,也是促进全球实现应对气候变化控温 2℃所需发展的可再生能源技术系统的物质保障。对国家而言,矿产的国内供应量、进口供应链的稳定程度及外部威胁的认知对国家安全与战略有重大影响。[②]能源与矿业是中国在"一带一路"投资的主要领域。[③]

学者于宏源针对中国矿产资源安全与"一带一路"矿产资源风险的研究表明:"中国与'一带一路'沿线国家的合作主要集中在采矿、建筑、木材和基础设施建设等行业,近年来,基于采矿业需求日益上升的趋势,矿产的可持续供应和生产对'一带一路'倡议的落实具有重要影响。'一带一路'国家的矿产资源在中国进口中占比大且集中度[④]高。中国 1/3 的战略资源进口集中度超过 80%,如铝土和镍的进口集中度约为 95%,铁矿石为 90%。不仅如此,从中国海关网主要进口大宗商品的数据来看,当前,中国铬矿对外依存度为 97.4%、铁矿 73.2%、镍矿为 72.6%、铜矿为 65.7%。中国对印度尼西亚煤矿进口依存度为 20.7%、铝矿进口依存度为 23.6%、镍矿进口依存度为 22.3%;对蒙古国煤矿进口依存度为 8.4%、铜矿进口依存度为 11.4%、锌矿进口依存度为 4.3%;对缅甸锡矿进口依存度为 97.2%;对菲律宾镍矿进口依存度为 76.3%;对澳大利亚煤矿进口依存

---

① 刘学. 世界银行预测:低碳发展将刺激相关矿产需求增长[N]. 中国矿业报,2017-09-05(004).

② 于宏源. 矿产资源安全与"一带一路"矿产资源风险应对[J]. 太平洋学报,2018,26(05):51-62.

③ 参考中华人民共和国商务部对外投资和经济合作司"走出去"公共服务平台中服务"一带一路"栏目中的资料。

④ 集中度是指进口矿产来源国的数量,数量越少,集中度越高。

度为 41.3%、铁矿进口依存度为 58.8%、铜矿进口依存度为 8.1%、铝矿进口依存度为 43.1%、镍矿进口依存度为 0.4%、锌矿进口依存度为 38.8%。在中国工程院定义的 45 种战略矿产中，中国短缺或不能保证自给的多达 27 种，而且一半以上依赖进口。这都促使中国不断寻求加强与'一带一路'国家的矿业合作。"[①]

中国矿产资源存在的"贫、杂、细、散"特征及人均可开采量远低于国际平均水平的国情决定了中国对国际矿产资源合作的需要。"一带一路"倡议为中国最大限度地运用全球资源、开拓基于资源共同开发的经贸合作提供了战略机遇。"一带一路"矿业开发与合作为我国的资源安全和供应链稳定提供了重要保障，为我国经济的可持续发展提供了基本物质基础，对实现我国未来资源来源多元化和提高资源供应的抗风险能力具有积极意义。

同时，"一带一路"矿业开发与合作有益于振兴部分沿线发展中国家的经济，造福沿线国家人民。开发矿产资源是"一带一路"沿线众多发展中国家当前国家发展战略的重要内容，尤其是对于仍处于较低发展程度的国家工业化进程的早期阶段意义重大。资源产品不仅能直接促进经济增长和国家收入，还能给国内工业部门提供能源和原材料，促进基础设施建设，并成为国家的外汇来源。

（二）"一带一路"矿业开发对我国引领世界实现全球控温 2℃意义重大

"一带一路"沿线国家在地理位置上横跨劳亚、特提斯和环太平洋三大成矿域，该地区由于较好的成矿条件而蕴藏了丰富的矿产资源，已成为全球重要的矿物原材料来源地，特别是铜、金、镍、铝土矿、铁矿石、锡、钾盐等重要固体矿产资源丰富，是全球重要的供给基地。其中，铜资源储量占世界储量的 32.3%，金资源储量占 26.1%，镍资源储量占 23.4%，铝土矿资源储量占 18.9%，铁矿石资源储量占 35.7%，锡资源储量占 63.9%，钾盐资源储量占 69.8%。这些重要的固体矿产资源基本都是中国较为紧缺的战略性大宗矿产，而这些战略性矿产在"一带一路"沿线国家分布广泛。"一带一路"沿线国家资源勘查开发潜力巨大。[②]

表 3 展示了"一带一路"沿线国家重要固体矿产资源储量、产量、消费量；表 4 展示了"一带一路"沿线国家是世界矿物原材料的主要供给基地，可见对低碳转型实现 2℃升温情景有重要意义的多种关键金属在"一带一路"沿线国家储量巨大，在全球占领先地位。因此，为促进全球低碳转型实现 2℃控温，有效地、可持续地利用好"一带一路"沿线国家矿产资源以致力于对关键金属需求高的多种可再生能源设备的生产和基础设施建设显得至关重要。

① 于宏源. 矿产资源安全与"一带一路"矿产资源风险应对[J]. 太平洋学报，2018，26（05）：51-62.
② 陈喜峰，施俊法，陈秀法，等. "一带一路"沿线重要固体矿产资源分布特征与潜力分析[J]. 中国矿业，2017，26（11）：32-41.

表3 "一带一路"沿线国家重要固体矿产资源储量、产量、消费量[①]

矿种	储量	储量占世界比例/%	产量	产量占世界比例/%	消费量	消费量占世界比例/%
铜/万吨	23 269	32.3	486.4	26.3	14 502	63.7
金/吨	16 400	26.1	1 008	33.6	2 430	71.1
镍/万吨	1 850	23.4	104.2	41.2	84.2	49.7
铝土/亿吨	53	18.9	1.14	41.7	1.4	50
铁矿石/兆吨	67 800	35.7	631	28.6	1 400	73.7
铅/万吨	2 976	33.4	261.4	55.5	572.8	56.1
锌/万吨	5 200	26	607	45	856.6	62.6
锡/万吨	307	63.9	5.95	22	23.6	85
钾盐/兆吨	2 582	69.8	18.99	55	26	64
磷矿石/亿吨	112.2	16.3	1.4	62	1.4	72

注：①USGS. Mineral Commodity Summaries 2019[R]，2019.

表4 "一带一路"国家主要矿产资源情况

地区	国家	矿种	储量	排名
中亚地区	哈萨克斯坦	金	19 000 吨	第 8 位
		铜	600 万吨	第 14 位
		铅	1 170 万吨	第 6 位
		锌	2 570 万吨	第 4 位
		铀	190 万吨	第 2 位
	吉尔吉斯斯坦	钼	10 万吨	第 12 位
	乌兹别克斯坦	金	1 700 吨	第 12 位
		钼	6 万吨	第 13 位
	塔吉克斯坦	锑	50 000 吨	第 4 位
北亚地区	蒙古国	铀	140 万吨	第 10 位
		钼	16 万吨	第 8 位
		萤石	2 200 万吨	第 4 位
	俄罗斯	镍	790 万吨	第 4 位
		铜	3 000 万吨	第 6 位
		铝土	2 亿吨	第 13 位
		锑	35 万吨	第 2 位
		金	5 000 吨	第 3 位
		锰	6.5 亿吨	第 1 位
		钾盐	6 亿吨	第 2 位
		铅	920 万吨	第 3 位

地区	国家	矿种	储量	排名
东南亚	印度	矿产资源	52亿吨	第5位
		铅	260万吨	第7位
		钛铁矿	8 500万吨	第3位
	菲律宾	镍	310万吨	第8位
		铜	700万吨	—
		铝土	2.43亿吨	—
	印度尼西亚	铝土	10亿吨	第6位
		铜	2 500万吨	第9位
		金	3 000吨	第7位
		锡	80万吨	第2位
		镍	450万吨	第6位
	泰国	锡	17万吨	第8位
	马来西亚	锡	25万吨	第7位
	越南	铝土	21亿吨	第4位
		钛	160万吨	第11位
		钨	8.7万吨	第6位

注：于宏源：矿产资源安全与'一带一路'矿产资源风险应对[J]. 太平洋学报，2018（5）：51-62，55.

中国自身的低碳转型需要对能源系统进行改革，提高可再生能源在能源系统中的占比，加快可再生能源设备生产和系统建设；此外，中国政府提出了《中国制造2025》作为实施制造强国战略的第一个十年行动纲领，中国已经成为全球领先的各种低碳技术产品（如风能、太阳能、聚光太阳能、碳捕集、核能、发光二极管、电动汽车、储能系统、电动摩托车）的制造国，因此《中国制造2025》可有力地为全球市场提供促进实现2℃控温所需的各种低碳技术设备。结合"一带一路"沿线国家同我国的矿业产品贸易情况（蒙古国、缅甸、伊朗、印度尼西亚、老挝、俄罗斯、哈萨克斯坦、土耳其、菲律宾、乌克兰这十国与我国矿业经济贸易关系最为密切，而这些国家都是"一带一路"沿线国家），"一带一路"矿业合作对我国引领世界实现全球控温2℃意义显著。

四、政策建议：应对气候变化，推进"一带一路"绿色矿业资源合作倡议

"一带一路"矿业资源合作既是满足我国资源外交的重要举措，又是实现全球应对气候变化控温2℃的必要途径。然而，当下的壁垒是：①传统的矿业开发与资源利用活动尚未引入"气候智慧型"理念，国际社会在讨论低碳发展和矿业行业前景时，常常关注的是为了实现《巴黎协定》所要求的全球控温2℃目标而需要减少煤炭资源的开采和使用，

但往往忽略了建造可再生能源系统与低碳基础设施实际上意味着对金属等矿产资源原材料需求的大幅增长；②传统采矿与冶金相关部门与应对气候变化及新能源相关部门之间往往有隔阂或缺乏有效的合作，这是一种错误的"利益冲突"和"价值观冲突"导致的结果；③"一带一路"矿业合作中，矿产品开采—加工—运输这一供应链有待进一步引进绿色技术、绿色管理、绿色资源利用、绿色运输的技术和管理手段；④"一带一路"海外矿业投资项目仍需注重当地环境保护和履行社会责任。[①]

推进"一带一路"绿色矿业资源合作对于国际相关国家的经济发展和世界实现全球控温2℃都有重大意义。建设清洁美丽世界需要从全局角度寻求新的治理之道，生态文明思想中的系统性、整体性、协同性理念可在"一带一路"绿色矿业合作中得到充分体现。

（一）以实现全球控温2℃的低碳转型为目标指导资源开采与利用工作

传统的矿业开发与资源利用活动尚未引入"气候智慧型"理念。世界银行启动的史上首个致力于推动气候智慧型可持续矿业的基金——气候智慧型矿业基金，对于我国未来在"一带一路"矿业合作中以低碳转型为目标指导资源开采与利用工作具有重要的借鉴意义。

建议就如何确保未来"一带一路"矿业合作能够提供满足我国自身兑现《巴黎协定》国家自主贡献承诺、实现"到2050年，风能和太阳能成为我国能源系统的绝对主力"这一转型目标所迫切需要的多种关键金属矿产展开相关国际合作。将"气候智慧型"理念嵌入"一带一路"矿业资源开发与利用合作项目，对于我国自身实现能源系统转型、生产并出口可再生能源设备、引领国际应对气候变化合作都是十分必要的。世界银行启动的气候智慧型矿业基金可作为促进我国对外提出"一带一路"绿色矿业资源合作倡议的"催化剂"。

应研究基于我国在《巴黎协定》中提出的国家自主贡献所要求的能源系统转型未来对于关键矿产资源的需求；重点分析哪些关键矿产资源是我国可以实现自给的，哪些关键矿产资源是我国需要重点依赖进口的，以及"一带一路"绿色矿业资源合作对于我国实现《巴黎协定》国家自主贡献和引领全球实现2℃低碳转型的潜在作用。这一气候变化与矿产资源相关性的政策研究可结合工业生态学、生态经济学研究优势，对于我国的资源开采与资源外交有一定的参考意义。

（二）在"一带一路"矿业合作中推广绿色供应链管理，切实保障我国矿产资源外交和资源供应的稳定

"资源国际合作包含了各种能源与矿产的地质勘探、生产开采、产品深加工、市场贸易、过境服务、物流运输等专业层面的外交活动，是一个产业链的合作。一国的矿产资

---

① 乔彦斌. "一带一路"战略给我国矿业发展带来的机遇与挑战[J]. 中国有色金属，2015（16）：66-67.

源安全形势与该国和主要矿产供应地的政治、经济、地缘关系密切相关。"[1]

采矿及矿业加工行业在矿产资源开采、矿业加工及运输、矿产资源利用和能源消耗过程中都会产生大量的废水、废物、废气排放。矿产资源供应链需要重点控制供应链上环境影响。开展矿产行业绿色供应链管理,并将其扩展到 "一带一路" 矿产资源生产与贸易是现阶段我国 "走出去" 的主要领域,是能源和矿业这一特殊背景下促进绿色 "一带一路" 的重要手段。

因此,在 "一带一路" 矿业合作中推广绿色供应链管理有助于在整个产业链上推进 "绿色矿业" 的共识,在绿色开采、绿色加工、绿色运输、绿色资源利用、矿区生态修复等一系列环节开展生态环保技术与管理合作,以提倡 "绿色矿业合作" 为抓手,对规避 "一带一路" 矿产供应地的政治、经济、地缘关系方面的资源外交限制具有重要意义。因此,在 "一带一路" 矿业合作中推广绿色供应链管理有助于保障我国矿产资源供应的稳定性,从而也有助于我国切实按期实现应对气候变化国家自主贡献所要求的能源系统转型。

(三) 结合 "一带一路" 建设布局和矿业 "走出去" 战略,推广中国绿色矿山治理的实践

利用其他国家与中国资源和技术的互补性,以项目合作、技术交流、工程承包等形式推广绿色矿山治理的技术和模式。矿业管理的行业协会、政府部门发挥组织优势,制定指引性规范,引领中国矿山企业在 "走出去" 的过程中,积极推广绿色矿山治理,树立负责任的矿业开发者形象。搭建绿色矿山治理的合作交流平台,重点遴选和建设一批对外绿色矿山治理的示范项目。结合现有的国际学术会议组织,如国际土地复垦与生态修复学术研讨会,国际矿业、能源与环境高等教育联盟等,来加强绿色矿山治理的 "政学企" 合作交流,发起 "一带一路" 绿色矿业合作倡议。开展 "一带一路" 地区的基础地质与矿产资源潜力调查、矿山地质环境遥感调查、生态环境风险调查、生态修复技术推广与应用调查等,建设绿色矿山信息共享平台,作为支撑 "一带一路" 生态环保大数据服务平台的一项工作,为促进经济发展和实现控温 2℃ 的能源系统低碳转型而科学、精准地开展 "一带一路" 矿业开发与利用合作。

五、结语

总而言之,中国需要切实推进基于应对气候变化实现全球控温 2℃ 的 "一带一路" 资源合作及其相关的国际制度、机制建设;推动与 "一带一路" 沿线国家进行战略矿产资源合作,对中国自身和相关国家实现低碳能源系统转型、发展可再生能源有着显著的意

---

[1] 于宏源. 矿产资源安全与 "一带一路" 矿产资源风险应对[J]. 太平洋学报,2018,26(05):51-62.

义。在此基础上，通过制定协调机制、贸易机制、战略性资源安全预警评估机制、可再生能源系统所需关键矿产的供给机制等提升我国在资源金融、可再生能源技术与设备市场上的国际竞争力和市场运作能力，并助力"一带一路"国家共同实现各自的《巴黎协定》国家自主贡献。

2019年，推进"一带一路"建设工作领导小组办公室发布了《共建"一带一路"倡议：进展、贡献与展望》，其中提出共建"一带一路"倡议践行绿色发展理念，倡导绿色、低碳、循环、可持续的生产生活方式，致力于加强生态环保合作，防范生态环境风险，增进沿线各国政府、企业和公众的绿色共识及相互理解与支持，共同实现2030年可持续发展目标。沿线各国需坚持环境友好，努力将生态文明和绿色发展理念全面融入经贸合作，形成生态环保与经贸合作相辅相成的良好绿色发展格局。各国需不断开拓生产发展、生活富裕、生态良好的文明发展道路。开展节能减排合作，共同应对气候变化。制定落实生态环保合作支持政策、加强生态系统保护和修复。探索发展绿色金融，将环境保护、生态治理有机融入现代金融体系。

"一带一路"绿色矿业资源合作可从多角度做出贡献：一是以实现全球控温2℃的低碳转型为目标，指导资源开采与利用工作有助于应对气候变化；二是在"一带一路"矿业合作中推广绿色供应链管理有助于实现绿色、低碳、循环、可持续的生产生活方式；三是保障矿业资源合作与资源外交有助于实现生态环保与经贸合作相辅相成的良好绿色发展格局；四是注重海外矿业项目环境保护与矿区生态修复，有助于落实加强生态系统保护和修复；五是保障对实现全球控温2℃有重要意义的关键金属矿产在全球资源市场（如伦敦金属交易市场）的价格，有助于推进绿色金融，将环境保护、生态治理有机融入现代金融体系。

因此，提出并推进"一带一路"绿色矿业资源合作倡议，对于应对气候变化、实现《巴黎协定》2℃控温以及促进"一带一路"经贸合作、共同实现2030年可持续发展议程有重要的意义。

对绿色"一带一路"建设推动深圳先行示范区建设的思考

文/丁士能　李盼文

全球城市（Global City），又称世界级城市，是全球化发展的产物，是在社会、经济、文化或政治层面直接影响全球事务的城市。"全球城市"概念于 1991 年由美国经济学家丝奇雅·沙森（Saskia Sassen）在《全球城市：纽约、伦敦、东京》中提出。学术界关于"全球城市"这一概念尚未做出统一的定义，一般认为，全球城市是全球经济体系在城市层面的空间表达，是全球化的产物，是协调和控制全球经济活动的中枢，也是国际性的政治、文化中心，更是低碳绿色发展的领先城市。传统上，英国伦敦、美国纽约、法国巴黎、日本东京被公认为"四大全球城市"。

"一带一路"倡议的提出是我国顺应世界多极化、经济全球化、文化多样化、社会信息化潮流、维护全球自由贸易体系和开放型世界经济的重要国家战略。在此背景下，中国城市将会越来越深入地参与到全球竞争，跻身世界城市体系，成为我国深化改革开放，加强与"一带一路"共建国家、相关地区和城市务实合作，实现中华民族伟大复兴的重要载体和平台。

本文结合《中共中央　国务院　关于支持深圳建设中国特色社会主义先行示范区的意见》（以下简称《意见》），在全球城市的语境下，对绿色"一带一路"建设如何推动深圳先行示范区建设进行了探讨，并提出以下三点工作建议：一是在国家层面引导深圳参与共构全球环境治理体系建设，推动深圳"引进来"和"走出去"，推动深圳建设成为绿色低碳的全球城市；二是在地方层面引导国内绿色"一带一路"建设重点参与省份和城市与深圳开展合作，实现优势互补，推动国内建设更多全球城市；三是在部属机构层面支持生态环境部相关直属机构在深圳设立重点实验室等研究机构或开展相关试点、示范，支持深圳"一带一路"国际合作基础能力建设，提高深圳绿色全球城市竞争力。

一、"一带一路"倡议推动更多全球城市的崛起与发展

（一）"一带一路"倡议为全球化发展带来新契机

20 世纪 80 年代开始流行的新自由主义思潮，拉开了资本在全球尺度上进行大规模空间扩张的序幕，催生了全球化的出现。传统的全球化，其制度取向是全面自由化、市场化和私有化，以及政府零干预；其代表性政策是"华盛顿共识"。在此竞争逻辑下，因海而生、向海而生的沿海国家与地区快速发展起来，以英国伦敦、美国纽约、法国巴黎、日本东京为代表的超级城市逐渐成长为具有国际控制力和影响力的全球城市。

而内陆国家与地区则因封闭导致落后，贫富差距不断拉大。特别是有些国家只重视经济发展，忽略了环境保护；紧盯发达国家，轻视了广大发展中国家；只顾着与国际接轨、强调"后发优势"，忘记了自身的"先发优势"、实现变轨"弯道超车"。因而在过去30 多年，新自由主义全球化发展在带来社会、经济、科技快速发展的同时，也带来了严重的社会矛盾，催生了美国政府的"美国优先"、英国"脱欧"，以及欧洲大陆地区"民粹主义"崛起等反全球化浪潮的兴起。在此背景下，强调共享发展成果，实现公平正义的"包容性全球化"应运而生。

中国"一带一路"倡议所倡导的"共商、共建、共享"原则，特别是中国提出的绿色"一带一路"建设，与"包容性全球化"所提倡的"公平、包容、平衡、普惠"的发展模式高度吻合。它意味着在中国所倡导的全球化过程中，"一带一路"将是一个合作共赢、开放包容的国际平台，它将使更多地区、国家和城市融入全球化进程，并从中获益；它将赋予新兴市场国家和发展中国家更多代表性和发言权，推动建立一个绿色可持续、共同繁荣的和谐世界，打造人类命运共同体。

（二）"一带一路"倡议助推全球城市不断涌现

"一带一路"贯穿欧亚非大陆，连接多个大型经济圈。同时，"一带一路"沿线各国资源禀赋各异，经济互补性较强，经济发展潜力巨大，参与全球竞争的能力也不断提升。因此，"一带一路"倡议所蕴含的包容性发展机制使全球化参与主体不再局限于发达国家，也不再局限于国家和区域，这将有助于相关国家加速融入全球经济循环，获得崛起的机遇。特别是在信息技术快速发展的现代，"地球村"梦想不断趋于实现的今天，跨国信息、资本、人员等流动更加频繁，相关城市对全球关键资源要素的配置能力和全球产业链、供应链、创新链的掌控能力不断提升。

在中国城市规划设计研究院 2019 年 11 月发布的"2019 全球价值活力城市指数排

名" 中，选取了全球 485 个城市为研究对象，包括人口大于 100 万人的城市、国家首都，以及 "一带一路" 潜力城市等，研究表明，在全球最具活力城市的创新排行前 20 名中，中国深圳市排名第 13，中国共有北京、香港、上海、杭州、深圳 5 个城市上榜，是当前全球创新力量最集中的区域之一。东南亚、东北亚、中亚等 "一带一路" 合作重点地区的城市也位列全球潜力城市排行榜前列。

"一带一路" 沿线城市潜力巨大，正在快速崛起。可以预见，随着 "一带一路" 建设的不断深入，中国以及相关国家将会涌现出大量全球城市，如曼谷、圣彼得堡、阿斯塔纳、金边、仰光、万象等，其地位和影响力将不断提升。同时，依托全球城市的涌现，以点带面，将不断推动本国经济、社会向前发展。

二、全球城市在全球环境治理中发挥了重要作用

全球城市基于自身的特质，从物质性、制度性与规范性三重维度参与全球环境治理，并成为不可或缺的行为主体之一。

（一）全球城市为全球环境治理提供能力支持

全球城市作为一类具有较强政治、经济、文化实力的行为主体，在全球环境治理中有着实现城市绿色、可持续、高质量发展的共同利益与需求，特别是在涉及跨区域或全球性环境问题时，各个全球城市主体会积极寻求国际合作，努力达成符合共同利益与需求的合作意向，并通过努力实践各自治理任务，以缓解跨区域或全球性环境问题带来的压力。如在应对气候变化领域，全球城市通过规模经济降低人均资源需求量和消耗量，提供了缓和全球气候变化影响的机遇。尤其是在美国宣布退出《巴黎协定》后，美国纽约、洛杉矶、旧金山牵头的 "美国誓言"（America's Pledge）联盟称将继续执行《巴黎协定》的诺言，就是全球城市为全球环境治理提供能力支持的最好体现。

（二）全球城市为全球环境治理提供制度创新

全球城市为相关普遍性环境问题的解决提供了新的制度化创新与实践。以伦敦为例，从 2007 年开始，包括大伦敦管理局、伦敦交通局和伦敦发展促进署在内的政府部门联合开展了 "伦敦社会企业调查"。该调查提供了详尽的伦敦社会企业运营报告，指导本地区的社会企业合作。此外，通过成立伦敦社会企业联盟（Social Enterprise London，SEL），将伦敦定位于社会企业运动的全球领导者，帮助社会企业走进其他国家。如今，社会企业模式已经成为很多国家和地区实现城市环境、资源、社会正义与企业效益有效结合的制度形式。

（三）全球城市为全球环境治理提供规范引导

全球环境治理需要相关国家协调统一的行动，需要各国根据自身发展的现实制定满足经济、社会和环境发展需求的规范性政策、制度及标准。全球城市的环境治理规范化实践不仅可以"外溢"到国际社会，成为国际通行的规则与价值经验，推动国际社会达成可实现的环境治理统一目标，也可"内溢"到本国国内，推动实现全球环境治理规范的本地化，服务本国经济、社会与环境的可持续发展。以新加坡为例，自 20 世纪 60 年代独立之初，便以打造具备"第一世界"城市标准的东南亚的"绿洲"为城市发展目标，通过清洁、绿色的环境优势吸引世界投资，实现新加坡经济从第三世界向第一世界的跨越。20 世纪 90 年代末新加坡又提出了"花园中的城市"愿景，在"花园城市"的基础上，注重生态自然的保护和连接城市环境的绿色空间，使其网络化和系统化，迈向世界级"花园中的城市"。如今，新加坡的花园城市发展经验已经成为世界上实现环境保护与经济发展"共赢"的范本，为其他城市提供了很好的规范借鉴。

三、深圳打造美丽中国典范是全球城市在生态环保领域的中国实践与升华

《意见》的提出，明确了深圳发展的战略定位、发展目标以及具体的建设内容。这些内容无论是在整体要求方面还是在生态文明建设方面，既是将深圳的发展目标对标全球城市的发展要求，更是将深圳的发展作为拓展全球城市建设内容的示范。

（一）深圳建设中国特色社会主义先行示范区实践是"一带一路"倡议关于包容性全球化的示范

深圳经济特区作为我国改革开放的重要窗口，各项事业取得显著成绩，已成为一座充满魅力、动力、活力、创新力的国际化创新型城市。可以说，深圳的发展是中国加入全球化发展的重要实践成果，在推动"一带一路"建设，实现"共商、共建、共享"方面，发挥着重要的示范作用。

《意见》中提出的深圳"五大战略定位"（高质量发展高地、法治城市示范、城市文明典范、民生幸福标杆和可持续发展先锋），是建设绿色包容性城市的具体化实践，是深圳践行包容性全球化实现城市可持续发展的具体化示范，是深圳拓展全球城市发展内容的具体化探索。

（二）深圳实现可持续发展先锋的目标与全球城市建设要求高度契合

《意见》提出，深圳要成为"可持续发展先锋"，率先打造人与自然和谐共生的美丽中国典范，这是先行示范区"五个率先"的重要一环。根据这个要求，深圳市提出，到 2035 年，比照国际一流城市全面"并跑"，环境基础设施完善，生态环境质量达到国际一流水平，为落实联合国 2030 年可持续发展议程提供"中国经验"，成为具有国际影响力的美丽湾区城市；到 21 世纪中叶，树立"深圳标杆"全面"领跑"，治理模式全球领先，生态环境质量达到国际顶尖水平，成为竞争力、影响力、示范力卓著的全球生态标杆城市。这 2 个目标与全球城市要形成在全球政治、经济、文化方面具有控制力与影响力的核心功能高度契合。

（三）深圳打造美丽中国典范将为全球城市支持全球环境治理提供"中国样板"

为力争实现 21 世纪中叶成为全球生态标杆城市的发展目标，深圳市提出了提升生态环境质量、完善治理体系、推广绿色发展方式、推广绿色生活方式四方面的发展路径。在具体的工作中，既有体现中国生态文明理念的"三线一单"的制度实施，也有体现深圳现有发展优势的生态环境智慧管控平台、具有可持续发展先锋城市特点的生态服务价值（GEP）核算方法体系等内容，更有体现全球化视野的在全国率先实现碳排放总量达峰的工作目标。这些内容不仅体现了作为力争成为全球城市的深圳为全球环境治理提供能力支持、制度创新以及规范引导方面的努力，更为全球环境的治理提供了"中国样板"。

四、绿色"一带一路"建设框架下推动深圳中国特色社会主义先行示范区建设的建议

深圳建设中国特色社会主义先行示范区不仅仅是中国发展模式的具体示范，更是构建中国在全球城市建设发展过程中的话语权和影响力的具体探索。而绿色"一带一路"建设将是深圳发展的重要途径。因此，有关工作建议如下。

（一）在国家层面，引导深圳参与共构全球环境治理体系，推动深圳"引进来"和"走出去"，推动深圳建设成为绿色低碳的全球城市

随着《意见》的提出，对标国际一流、引领国际一流成为深圳发展的具体要求，这就需要生态环境部进一步引导深圳参与共构全球环境治理体系，帮助深圳实现"引进来"和"走出去"。因此，建议一是将深圳纳入绿色"一带一路"建设"2+4"工作部署以及

粤港澳大湾区生态环保规划，支持深圳做好参与绿色"一带一路"建设的顶层设计，加强深圳将绿色低碳、生态环保的发展理念全面纳入城市规划中，发展成为低碳绿色的全球城市。建议二是支持深圳参与或承办生态环境部重要国际合作活动，推动深圳构建绿色可持续城市合作网络，借鉴国外城市的发展经验，同时推广深圳经验。包括由深圳承办生态环保类重要主场外交活动，在重要的生态环保类境外活动中，支持深圳参与或举办"一带一路"绿色发展国际联盟及中国环境与发展国际合作委员会相关边会、研讨活动及专题研究，支持深圳承办应对气候变化对外援助培训活动等。建议三是引导深圳参与国际环境公约履约工作，包括在深圳设立试点项目、支持深圳参与相关研究项目等。建议四是利用生态环境部现有的双边、多边合作机构，引导深圳参与中非、中柬、中老、中韩等双边、多边生态环保国际合作。建议五是支持深圳举办绿色可持续城市合作论坛，以及"一带一路"绿色技术创新及转移峰会，依托深圳产业优势，打造产业类"一带一路"国际合作机制，突出深圳绿色低碳产业的特色发展模式，打造绿色创新的全球城市。

（二）在地方层面，引导国内绿色"一带一路"建设重点参与省份和城市与深圳开展合作，实现优势互补，推动国内建设更多全球城市

目前，诸如广西、西安、宜兴等自治区和城市积极参与生态环境部绿色"一带一路"建设合作活动，并形成了诸如中国—东盟环境合作论坛、欧亚经济论坛生态分会等旗舰型合作项目。因此，建议一是引导并支持深圳与广西、湖南、西安等相关地方政府建立合作关系，在优势互补的基础上，共同开发面向中国—东盟、中非、欧亚等区域或者国家合作项目，支持生态环境部绿色"一带一路"建设，与国外已成熟的全球城市以及重点潜力城市开展生态环保交流。建议二是在推动相关旗舰型合作项目实施过程中，引导深圳以适当的形式参与其中，促进深圳与相关地方政府在各自的优势国际合作资源方面实现良性互动，推动国内城市朝着绿色全球城市的方向持续迈进。

（三）在部属机构层面，支持生态环境部相关直属机构在深圳设立重点实验室等研究机构或开展相关试点、示范，支持深圳开展"一带一路"国际合作基础能力建设，提高深圳绿色全球城市竞争力

依托生态环境部、深圳市共建的"一带一路"环境技术交流与转移中心（深圳），深圳市正积极探索与生态环境部华南环境科学研究所（以下简称华南所）、卫星环境应用中心卫星中心（以下简称卫星中心）等机构的合作，从而推动自身参与绿色"一带一路"合作的基础能力建设。因此，建议一是支持华南所、卫星中心等生态环境部直属机构在深圳设立重点实验室等研究机构，提高深圳的绿色创新力和绿色全球城市竞争力。建议二是鼓励生态环境部相关直属机构在承担部分重点工作的同时，在深圳开展试点、示范，

为发展绿色全球城市提供支撑，如为深圳开展"无废城市"建设试点工作提供有力支撑。建议三是支持生态环境部直属机构参与"一带一路"环境技术交流与转移中心（深圳）相关工作，并提供技术支撑与指导。

参考文献

[1] 中共中央　国务院　关于支持深圳建设中国特色社会主义先行示范区的意见[R/OL]. [2019-08-09]. http://www.gov.cn/zhengce/2019-08/18/ontent_5422183.htm.

[2] Sassen Saskia. The Global City-New York，London，Tokyo[M]. Princeton-New Jersey：Princeton University Press，1991.

[3] 刘卫东，宋周莺. "一带一路"：引领包容性全球化[J]. 中国科学院院刊，2017，32（4）：331-339.

[4] 罗思东，陈惠云. 全球城市及其在全球治理中的主体功能[J]. 上海行政学院学报，2013，14（3）：86-93.

[5] 周振华. 全球化、全球城市网络与全球城市的逻辑关系[J]. 社会科学，2006（10）：17-26.

[6] 吕拉昌. 全球城市理论与中国的国际城市建设[J]. 地理科学，2007，27（4）：449-456.

布鲁金斯学会：建设绿色"一带一路"
中国清洁能源产业发展可为西方创造经济机遇

文/于晓龙　陈明

全球顶级智库布鲁金斯学会（Brookings Institution）于 2019 年 5 月发布了一份研究报告——《发展绿色中国公司》（*Grow Green China Inc.*），就如何把握中国大力发展清洁能源的历史契机为西方创造经济机遇进行了详尽的分析。

该报告认为，全世界将在中国的带领下转向更绿色的增长模式，西方社会应摒弃传统意义上的保护主义政策，同时需转变对中国低碳产业的防御性态度，关注绿色中国公司日臻成熟带来的无限商机，尤其是在电动汽车市场、大型清洁能源项目、空气污染治理和"一带一路"倡议实施领域。

围绕上述核心观点，该报告主张西方社会应重新认识绿色中国公司。尽管中国政府发展清洁能源产业的决心和行动超出了西方社会的普遍认知，引发了其对绿色中国公司的焦虑，但以贸易摩擦为主的错误反应，可能给环境带来极大风险，甚至会伤害而不是帮助西方企业和投资者。当下，正是西方社会聚焦自身经济利益并转变对待绿色中国公司态度的关键时刻。

该报告指出，对于希望利用绿色中国公司发展机遇的西方企业而言，中国政府在清洁能源补贴和绿色金融领域开展的两项变革尤其值得关注。包括清洁能源设备制造商、清洁能源技术开发商，以及投资上述两类企业的金融机构在内的三类西方企业，可从中国电动汽车市场、清洁能源项目、空气污染治理、对"一带一路"投资再平衡四个方面挖掘投资机遇。

一、绿色中国公司的再认识

（一）绿色中国公司的发展是中国国内变革与国际市场推动共同作用的结果

该报告认为，中国已将清洁能源问题提升到了关系国家未来发展前途的战略性高度，同时正在采取行动解决市场中的低效率问题。与此同时,全球清洁能源产业正从早期"广泛依赖存在设计缺陷的补贴机制的时代"逐步迈进一个全新的发展阶段,在这个阶段,清洁能源的成本将进一步下降。

上述两方面变革将推动全球经济转向更加绿色的增长模式。尽管这种转变仍处于初期阶段,且在未来一段时间内,都将遭到部分既得利益群体的反对。但是报告认为,这种转变的趋势不仅不会受到美国、欧盟、中国等主要经济体间政治经济博弈的影响,甚至已经获得了一定程度的支持,如部分此前将绿色中国公司视为威胁的企业已经开始意识到,必须学会利用这样一种不可逆转的趋势。

报告还指出,这种转变定义了能源产业乃至地缘政治的新时代。从长远来看,这个时代同样可令西方社会获益,也能够帮助地球环境保持健康。西方社会尤其需要摒弃传统意义上的保护主义政策,此类政策在各个经济领域都劣迹斑斑,尤其对清洁能源产业——这种自诞生之初即具备全球化特征的新兴产业有害。

(二)中国政府发展清洁能源产业的决心和行动超出了西方社会的普遍认知,引发了其对绿色中国公司的焦虑,并做出以贸易摩擦为主的错误反应

报告指出,作为世界第二大经济体,中国已将发展清洁能源产业作为推动并促进其长期宏观经济增长的核心战略之一。中国经济发展的独特模式令其在全球清洁能源市场中表现出突出的本土化优势——详细的五年计划,为关键行业提供消费和研发补贴,以及国有政策性银行对产业和战略政策坚定的支持。正如国际可再生能源机构在 2019 年 1 月发布的一份报告中所说:"中国正齐心协力研究、开发和投资可再生能源和清洁交通,甚至可能赶超一直在汽车和能源机械等行业占据主导地位的美国和欧洲公司。"这一切都远远超出了西方国家的普遍认知。

报告认为,西方社会在焦虑之下对绿色中国公司采取的以贸易摩擦为代表的应对行动至少面临三方面的问题。

其一,贸易摩擦给环境带来了风险。贸易摩擦提高了清洁能源技术的价格,阻碍了未来发展清洁能源技术所需的跨境投资。为避免气候变化带来的严重后果,全球各国必须立即采取行动。如果作为碳排放大国的中国不能采取行动大幅削减其国内企业和国外投资企业的碳排放量,那么遏制气候变化也将无从谈起。

其二,贸易摩擦在地缘政治方面的实际意义越来越小。西方社会对绿色中国公司的中伤暗示着:只要西方国家足够努力,就可能会在日益加剧的绿色能源竞争中击败中国。这种观点低估了中国发展清洁能源产业的动机。与美国和其他许多西方国家形成鲜明对比的是,中国的动机除与气候变化相关外,更关系到城市空气环境质量以及居民的健康

生活，这显然更为紧迫。此外，该报告引用习近平主席"绿水青山就是金山银山"的论述，强调中国布局全球清洁能源产业，还将发挥"促增长、稳就业"的作用，对中国经济发展而言，也具有重要的战略意义。

其三，贸易摩擦背离了西方社会自身的经济利益。实际上，中国在光伏电池板、风力涡轮机、蓄电池、电动汽车等增长最快的清洁能源领域中已经占据了核心地位。许多西方企业，包括中国清洁能源设备制造的海外供应商在内，都已经意识到了这一点。因此，在潜在威胁面前，西方企业应该更加看重中国作为清洁能源技术领先制造商的地位，以及中国巨大的清洁能源市场，而非其可能面临的"威胁"。显然，这一逻辑才符合商业的本质。

在谈及中美贸易摩擦时，该报告指出：

越来越多的证据表明，针锋相对的关税政策和投资壁垒对美国清洁能源产业的伤害远超中国。实际上，美国国内正面临着艰难的政策抉择，这些政策可能有助于提升其在全球绿色竞争中的长期竞争力。但是，对中国的过分关注已经分散了美国对这一重大决策的注意力。

此外，虽然中美之间的贸易紧张关系短期内不会消除，但是从双方的实际利益出发，即使贸易摩擦加剧，美国乃至西方国家仍需转变其对待绿色中国公司的态度。

从双方的环境利益出发，中国如果不能对其清洁能源产业进行改革，绿色中国公司的效率就难以提升，中国的环境和气候现状就难以改善，全球碳减排目标则无望实现。更重要的是从双方的经济利益出发，尽管当下双方在贸易摩擦中处于对峙状态，将清洁能源作为一种民族主义的零和博弈，但实际上北京、布鲁塞尔和华盛顿，或者更广泛地说，中国和西方企业在全球清洁能源竞赛中都需要彼此的支持，来实现彼此最为关注的目标——经济效益最大化。

（三）当下是西方社会聚焦自身经济利益并以新的姿态对待绿色中国公司的关键时刻

该报告指出，尽管鲜少有人关注到，但是中国已经开始推动其绿色产业转型升级，提升产业运行效率。虽然改革并非一蹴而就，但对于西方企业来说，绿色中国公司日臻成熟仍是利大于弊。其中，有四大机遇最为突出。第一，中国目前正在向全球企业开放其电动车市场，这也是全球最大的电动车市场，但并不强制要求外国公司与中国公司签订合资协议；第二，允许外国公司在中国投资包括光伏发电站、风电场和天然气终端等在内的大型清洁能源项目；第三，中国市场的技术和商业模式日益成熟，可有效应对中国大城市面临的空气污染问题；第四，许多"一带一路"国家在某种程度上希望利用西方的资金和技术。

此外，该报告也指出，西方社会之所以能够从绿色中国公司的发展中获利，主要是因为西方在技术创新方面长期处于领先地位。但这种领先地位既不是绝对的，也不是确定的。在越来越具有战略意义的政府研发项目支持下，中国企业正在迅速获得技术优势，在某些领域甚至超越了竞争对手。

二、中国政府为发展绿色中国公司做出的两项重要变革

21 世纪初，以德国为代表的欧洲各国政府，推出了太阳能补贴机制，欧洲光伏发电装置的数量也出现了大幅激增。中国企业迅速捕捉到了这一商机，开始生产并向欧洲大量出口光伏电池板。2009 年前后，经历了全球金融危机的欧洲各国开始收紧对光伏发电装置的补贴。2011 年，以德国、美国为代表的西方政府向中国光伏产业发起"反倾销"和"反补贴"调查，并于 2012 年起对中国光伏产品征收高达 34%～47%的关税。[1]"双反"令中国光伏产业遭受打击，尚德、赛维、英利等巨头企业都受到重创。对此，中国政府面向国内市场推行了一系列新能源补贴措施，为光伏电池板开辟了国内市场的巨大空间。然而，在补贴支持政策的助推下，光伏产业产能快速扩张，发展速度远超政策规划预期，仅补贴一项，资金缺口问题就极为突出。尽管自 2013 年起，光伏发电上网电价整体下调，但有数据显示，截至 2017 年年底，中国面临的电价补贴缺口已达数千万美元。预计到 2020 年，这一缺口还可能会增至 3 倍。

产能的急速扩张，加之外送电力的输电网络规划和建设不足，导致电力生产和网络系统无法容纳现有产能，不可避免地出现了产能环节的浪费和低效率。对于消费市场而言，光伏发电项目所在地的消费者无法消耗本地项目生产的全部电力，且外送通道建设尚不完善，不足以将多余的产能输送到其他地方。

报告指出，越来越多的证据表明，中国政府已就上述情况做出了更加坚决且认真的变革。对于希望利用绿色中国公司发展机遇的西方企业而言，有两项变革尤其值得关注。

（一）变革之一：更合理的补贴方式

报告指出，针对绿色中国公司效率低下的问题，中国政府做出的第一项重要变革是针对清洁能源补贴开展一系列改革，主要包括上网电价补贴改革和电动汽车补贴改革。目前，中国正在大幅下调上网电价补贴，尤其是在光伏发电方面。2018 年 6 月，中国将公用事业规模光伏发电项目的上网电价下调了约 20%，并停止向建设中但尚未接入电网的分布式光伏发电项目提供补贴。同时计划到 2019 年年末，对风力发电的上网电价也做出下调。与此同时，中国也在同步推动清洁能源项目拍卖、碳排放交易机制等市场化工具的实施，以发挥市场竞争的价格调节作用，降低可再生能源的价格。此外，中国政府

---

[1] 本轮中美贸易摩擦中，光伏产品仍是美方的重点征税产品。

还对电动汽车的补贴结构进行了调整。整体来看,补贴规模正在减小,且剩余补贴将重点支持能耗更低、能效更高的技术,鼓励电动汽车制造厂商生产可更有效利用电力且续航里程更长的车型。对此,该报告认为,参考欧美和拉丁美洲国家经验,上述措施在实行之初可有效地降低清洁能源价格。

(二)变革之二:绿色金融

报告认为,中国政府做出的第二项重要变革是,采取一系列绿色金融措施引导机构投资者为低碳增长提供资金。借助"一带一路"倡议,绿色金融举措不仅能够发挥提升中国金融市场资本配置效率的作用,还能够实现跨地区的资金配置功能。如中国正在引导金融机构为符合绿色标准的项目提供低息贷款,发放用于支持环保产业的绿色债券,以支持国内绿色发展和绿色"一带一路"建设。

报告指出,尽管这些绿色金融措施能否取得成功还有待观察,但这项雄心勃勃的工作目前正在井井有条推进,并且得到了中国金融业强有力的支持。如果这项举措真的能够发挥作用,那么任何现有的旨在扩大西方低碳融资的尝试都会相形见绌。

三、提升绿色中国公司效率需应对的四项挑战

报告认为,中国政府已经意识到,提升绿色中国公司的效率,关键需应对来自清洁能源补贴、投融资市场、电力市场、"一带一路"倡议实施四个领域的挑战。

(一)调整清洁能源补贴结构中过度补贴部分

降低清洁能源上网电价,开展太阳能和风能项目拍卖等举措无疑是明智之举。中国对其他清洁能源产业补贴的改革也正在进行中,特别是在蓄电池和电动汽车行业。如果中国在这两个行业内的改革比在风能和太阳能行业的改革更加顺利,那么将给中国和全世界带来显著的环境和气候效益。

(二)降低清洁能源项目的融资成本

与西方国家不同,中国的债券市场在很大程度上是由银行主导的,这些银行提供的债券结构往往比较保守,这在一定程度上提高了中国的资本成本,尤其是对于在清洁能源技术领域更具创新能力的非国有企业而言。美国有一种用于支持清洁能源项目的无追索权贷款,如果借款人违约,贷款人只能以贷款项目为抵押,而不能用借款人的其他资产进行抵偿。对于有意进入中国市场发展的外国企业而言,它们在中国缺少其他可供抵押的资产,无追索权贷款可为它们进入新市场提供有效的支持,同时能够进一步拓展中

国低碳资本供给的来源渠道。

（三）在全国范围内统筹规划电力市场改革

报告指出，中国发展清洁能源的症结不在于发电技术本身，而在于如何实现清洁能源发电在区域和城市间的调配和输送。虽然中国掌握全球领先的特高压输电技术，但由于地方各省的能源禀赋和基础结构不同，地方政府对待清洁能源发电的态度大相径庭。尤其是中部地区的省份，在长距离电力输送方面还面临诸多障碍。这是由于中部省份的发电企业在价格方面缺乏优势，建设更多的长距离输电线路，无疑将使西部地区的低成本发电企业获得更大的竞争优势，甚至会压缩中部省份本土发电企业的市场份额。该报告认为，如果中国要开启大规模应用低成本清洁能源的新时代，必须首先通过电力市场改革来解决这一问题。

（四）坚持推进绿色"一带一路"建设

过去，中国对全球环境和气候的影响主要体现在国内。随着绿色发展融入"一带一路"倡议，中国的影响将更多地体现在对外投资过程中。尽管中国在绿色金融领域初露锋芒，但解决问题的意愿相当强烈，同时吸引了诸多高级别参与者。当下，还需引导中国经济中最有实力的参与者——银行、企业、保险公司及国家主权财富基金向低碳领域进行投资，在其投融资过程中系统地解决环境外部性问题，并且及时、科学地向外界披露投资标的的环境和气候相关信息。尽管这本身并非易事，却能够为低碳产业提供切实有力的经济支持。

四、发展绿色中国公司可使西方企业从中获益

（一）三类西方企业可从中获益

报告认为，从长期来看，绿色中国公司日趋成熟，对于清洁能源设备制造商、尚未达到实际制造规模的清洁能源技术开发商，以及投资上述两类企业的西方金融机构而言大有裨益。对于清洁能源设备制造商和技术开发商而言，中国是全球最大的市场，随着"一带一路"倡议的实施，其在中国境外的市场规模还将继续扩张。此外，一些金融机构的业务也与中国清洁能源行业的发展息息相关。例如，美国和欧洲的投资银行巨头长期以来一直为中国公司提供上市并购等服务，并对部分项目进行了股权投资。随着中国政府对清洁能源行业融资成本关注度的持续提升，中国金融市场也可能向西方金融机构打开大门，允许其进一步丰富融资产品种类，提升融资规模。因此，对于西方金融机构而

言，为绿色中国公司提供融资服务也将是一个巨大的潜在市场。

该报告指出，尽管中国市场的开放更多的还是一种基于预期的判断，对于以上各方而言，市场的拓展也并非易事。但是西方社会应当看到，中国在提高其清洁能源企业效率方面已经做出了诸多变革和行动，此举预示着中国能够、应该、也可能会为开放市场做出更多的努力，而这正是西方企业的机会所在。

（二）西方企业如何从中获益

当下绿色中国公司的转型发展为西方企业创造了四个特别值得关注的机遇，而实际上已经有部分企业开始从中获益。

1. 电动汽车市场

2018 年 4 月，在博鳌亚洲论坛上，习近平主席宣布中国将向外国企业进一步开放其汽车市场，打破了中国自 2001 年加入世贸组织以来一贯坚持的汽车工业保护政策，同时表示中国将"大幅降低汽车进口关税"。几天后，中国国家发展改革委宣布将于 2018 年、2020 年、2022 年分阶段实施电动汽车、商用车、乘用车市场的全面开放。2019 年 1 月，总部位于美国加利福尼亚的电动汽车制造商——特斯拉在中国上海附近的工厂破土动工，预计该厂的电动汽车年产量将达到 50 万辆，是特斯拉 2018 年全球销量的 2 倍。

2. 清洁能源项目

中国的清洁能源市场正吸引越来越多的西方投资者进入。2018 年 9 月，美国石油巨头埃克森美孚（Exxon Mobil）宣布，鉴于中国对天然气的需求量激增，该公司将在中国广东省惠州市投资建设一个液化天然气（LNG）接收站，用于进口其在莫桑比克和巴布亚新几内亚等国家生产的天然气并面向中国销售。天然气正是中美贸易摩擦关税清单内的商品之一，该项基础设施将使埃克森美孚成功地规避中国对美国产天然气征收的 10% 的关税。

西方企业也在对中国的可再生能源项目进行投资。2018 年 6 月，计算机巨头苹果公司宣布，将联手 10 家供应商，在未来 4 年内向中国的可再生能源项目投资近 3 亿美元。这些项目旨在为苹果及其供应商在中国的业务经营提供直接供能，或用于中和其消耗的化石能源产生的碳排放。

西方企业还开始在中国生产可再生能源设备。SunPower 是一家总部设在美国加利福尼亚州的公司，主要在马来西亚、墨西哥和菲律宾为全球市场生产高效光伏电池板，但通过与中国公司建立合资企业，SunPower 也开始为中国市场生产价格较为低廉的光伏电池板。

3. 空气污染治理

在过去几年，中国空气污染治理取得积极进展，为西方企业推广其技术创造了巨大的市场空间。如国际商业机器公司（IBM）正在为中国政府相关部门开发制作用于管理空气质量的软件。该软件可以预测天气和工业污染的相互作用情况，可以用于发现违反空气质量规定的企业，以便及时对其做出处罚。总部位于美国威斯康星州密尔沃基的热水器制造商 A.O.史密斯，近年来已将其中国业务扩展至净水设备销售领域。一位股票分析师在 2017 年为该公司所撰写的分析报告中指出，中国居民对空气质量的重视促使居民家庭"不仅购买家庭空气净化设备，而且在消费中对高端产品偏好更强"，"A.O.史密斯进入净水设备销售领域非常及时，且收益颇丰，获得了可持续的销量增长以及合理定价权"。

4."一带一路"投资机遇

报告认为，许多"一带一路"国家在某种程度上也希望能够利用西方的资金和技术，这对于西方企业而言无疑是一个机遇。以美国为代表的西方国家虽然并未宣称加入"一带一路"倡议，但实际上已经做好准备随时加入"一带一路"倡议的实施进程。

参考文献

[1] Jeffrey Ball. Grow Green China Inc. How China's epic push for cleaner energy creates economic opportunity for the West[EB/OL]. [2019-05-28]. https://www.brookings.edu/wp-content/uploads/2019/05/ FP_20190529_ grow_ green_china.pdf.

[2] 北极星太阳能光伏网. 可再生能源和电网之间的博弈[EB/OL]. 2015. http://guangfu.bjx.com.cn/news/ 20150211/589946.shtml.

第三篇

区域环保合作助力
绿色"一带一路"建设

中蒙俄经济走廊建设中的生态环境挑战
和绿色开发合作

文/王语懿[①]

2015 年，我国发布了《推动共建丝绸之路经济带和 21 世纪海上丝绸之路的愿景与行动》，其中将"一带一路"倡议整合后分成六个对外经济走廊[②]。中蒙俄经济走廊是"一带一路"六大经济走廊之一。蒙古国和俄罗斯资源丰富、市场潜力大，中蒙俄经济走廊的构建有利于加强中国与俄罗斯、蒙古国的经贸合作，进一步推进"一带一路"从构想向现实转化，实现中国对外经济合作多元化和出口市场多元化，形成辐射力较强的西部及东北经济增长极。

生态环保和绿色发展是"一带一路"建设的重要内容之一。在中蒙俄经济走廊建设过程中，严峻的生态环境问题凸显了绿色发展合作的重要性。

一、中蒙俄经济走廊建设新进展

中蒙俄经济走廊是"一带一路"建设的六大走廊之一，旨在促进三国互利共赢合作，实现优势互补、共同发展，推动东北亚区域合作进程。该走廊主要有两条通道：一是华北通道，即京津冀—呼和浩特—蒙古国—俄罗斯；二是东北通道，即沿老中东铁路从大连—沈阳—长春—哈尔滨—满洲里—俄罗斯赤塔。[③]

经济走廊缓冲区[④]范围内国内生产总值（GDP）总量为 1 万亿美元，其中中国的京津经济区和大连、哈尔滨、沈阳，俄罗斯的莫斯科和圣彼得堡地区以及蒙古国的首都乌兰巴托经济发展状况较好，大部分区域 GDP 大于 33 万美元/千米^2；蒙古国其他地区和

---

① 王语懿：生态环境部中国—东盟环境保护合作中心东盟合作处负责人，中国社会科学院研究生院亚太系博士研究生。
② 六个对外经济走廊指中国正与"一带一路"沿线国家积极规划中蒙俄、新亚欧大陆桥、中国—中亚—西亚、中国—中南半岛、中巴、孟中印缅六大经济走廊建设。
③ 中蒙俄经济走廊　开辟东北开放新通道[EB/OL]. 凤凰网，[2015-03-26]. http://finance.ifeng.com/a/20150326/13582603_0.shtml.
④ 经济走廊缓冲区主要指走廊的宽度，目前从不同的角度出发包括 20 千米、100 千米、200 千米等多种说法，本文选取 100 千米缓冲区作为研究范围。

俄罗斯远东地区经济发展较差，缓冲区大部分区域 GDP 小于 0.17 万美元/千米 ^{2}。[①]

从资源禀赋和经济结构上看，一直以来中国都是以煤炭为主要资源，近年来，我国开展了产业结构调整，第三产业在国内生产总值中所占的比例已超过 50%，成为我国经济增长的新引擎。俄罗斯拥有丰富的石油和天然气资源，国民经济高度依赖石油，工业以机械、钢铁等重工业为主。蒙古国矿产资源和草地资源丰富，畜牧业、采矿业和以食品、纺织为主的轻工业是国民经济的主要组成部分。相邻的地理位置、互补的经济结构和资源禀赋为构建中蒙俄经济走廊打下了坚实的基础。

2016 年 6 月 23 日，中蒙俄三国元首在塔什干签署了《建设中蒙俄经济走廊规划纲要》，明确提出未来中蒙俄经济走廊建设的七大重点领域，即加强交通基础设施发展及互联互通，加强口岸建设和海关、检验检疫监管，加强产能与投资合作，深化经贸合作，拓展人文交流合作，加强生态环保合作，推动地方及边境地区合作。[②]规划纲要的签署为中蒙俄三国在基础设施建设、经济贸易、矿业开发、旅游等领域合作奠定了基础，三国在基础设施、产业开发方面有序展开合作，中蒙俄经济走廊开始实现战略对接。

（1）在"一带一路"框架下，三国在基础设施领域的合作取得新进展。设施联通是"五通"之一，对"一带一路"建设落地生根具有关键意义。目前，中蒙俄三国在基础设施领域的四个重要合作项目都在不同程度上有所进展与落实。如中蒙"两山"铁路，起点为内蒙古阿尔山市伊尔施镇，经中蒙两国边境的阿尔山/松贝尔口岸至蒙古国东方省的乔巴山市，规划中该铁路按国际一级标准建设，长达 476 千米，拟投资 142 亿元。[③]目前，在完成项目预可研报告基础上，"两山"铁路已被列入中蒙中长期发展纲要之中。莫斯科—喀山高铁项目已经完成基本勘查设计。2015 年 6 月，俄罗斯企业和中国中铁二院合作中标该项目，计划投资约 1 084 亿元，根据俄罗斯铁路股份公司企业报《笛声》的报道，该高铁项目于 2018 年第四季度开工，将于 2024 年完成。总投资额约为 14.9 亿元的乌力吉公路口岸建设项目于 2016 年 5 月全线开工，截至 2018 年已建设完成乌力吉口岸到京新高速公路连接路段的路基及桥涵工程，口岸引水工程管线也铺设完毕。策克口岸跨境铁路项目于 2016 年 5 月 26 日动工，是"一带一路"倡议后中国通向境外的首条标轨铁路。

（2）中蒙俄三国在产业开发领域的合作集中在经济合作区和综合保税区建设，以及能矿产业等方面，目前已经有多个项目取得较大进展。

中蒙二连浩特—扎门乌德跨境经济合作区。计划总投资 9 亿元，占地 18 平方千米，双方各半，中国一侧于 2016 年 9 月 19 日动工，2018 年 8 月中蒙两国签署《中蒙二连浩特—扎门乌德跨境经济合作区圆桌会议备忘录》以"共商共建合作平台，共享开放发展

---

① 内部数据。
② 中华人民共和国国务院新闻办公室. 建设中蒙俄经济走廊规划纲要[R]，2016.
③ 中蒙"两山"铁路概况[EB/OL]. [2015-12-16]. http://news.gaotie.cn/MB_Show.php？Article_ID=291316&Page=1.

成果"为主题协调相关问题。

满洲里综合保税区。国务院于 2015 年 3 月正式批复设立满洲里综合保税区,这是内蒙古第一个综合保税区,截至 2017 年 12 月综合保税区正式运营满一周年,监管货运量 1 317 吨、贸易值 9.33 亿元人民币。[①]

在能矿产业发展投资合作上,中国在俄罗斯远东地区的基坎诺姆铁矿开发、阿玛扎 40 万吨林浆纸一体化项目已经开工,布拉戈维申斯克到黑河的 500 万吨油品储运项目前期工作正在进行,中国神华集团与俄罗斯企业就合作建设 100 万吨煤炭液化项目达成初步共识。中国对蒙古国投资大部分为能源资源和矿产勘探开采行业,矿业投资占中国在蒙古国总投资的 51%。蒙古国目前有 31 个矿场在进行矿业勘探、16 个矿场在进行矿业开采,其中中蒙合作的矿场有 3 个。[②]

中国企业除直接或间接投资能矿产业开采等产业链上游环节外,部分投资项目开始向能矿产业链中下游延伸。如五矿公司则直接介入轧钢等金属冶炼阶段;中石油和俄罗斯石油除合作开发中鲍图奥宾等一批大型油气田项目外,还将联合收购并开发东西伯利亚和远东地区有规模储量的油气田,生产的石油除满足俄东部使用以外,还将通过俄远东原油管道和中俄原油管道向中国及其他亚太国家出口。这些项目的实施表明,中俄在能矿产业上游合作方面的新突破,必将带动双方在下游及其他领域的进一步合作。其他贸易、旅游、农牧业等合作规模随着中蒙俄经济走廊的推进,也呈快速发展的态势。

(3)在生态环境领域合作方面,三方已经达成一些共识。[③]中蒙于 1990 年签署《中华人民共和国政府和蒙古人民共和国政府关于保护自然环境的合作协定》。中俄两国于 1994 年签署《中华人民共和国政府与俄罗斯联邦政府环境保护合作协定》。[④]中蒙俄经济走廊建设启动后,三国生态环境领域的交流互动更加频繁,合作潜力不断提升。2016 年 6 月,三国签署的《建设中蒙俄经济走廊规划纲要》提出未来中蒙俄经济走廊建设的七大重点领域,其中加强生态环保合作是重点领域之一。具体包括研究建立信息共享平台的可能性,开展生物多样性、自然保护区、湿地保护、森林防火及荒漠化领域的合作;扩大防灾减灾方面的合作,在自然灾害和人为事故、跨境森林和草原火灾、特殊危险性传染病等跨境高危自然灾害发生时,加强信息交流;积极开展生态环境保护领域的技术交流合作;共同举办环境保护研讨会,探索在研究和实验领域进行合作的可能性。

2018 年,使用中国优买贷款的乌兰巴托污水处理厂建设正式启动,中国国务委员兼

① 内蒙古首家综合保税区运行满一周年 贸易值超 9 亿元[EB/OL]. [2017-12-28]. http://finance.chinanews.com/cj/2017/12-28/8411577.shtml.
② 韩梅. "一带一路"与蒙古国"草原之路"对接框架下的能矿产业合作研究[D]. 呼和浩特:内蒙古大学,2017.
③ 中华人民共和国政府和蒙古人民共和国政府关于保护自然环境的合作协定[EB/OL]. http://history. mofcom.gov. cn/? datum=中华人民共和国政府和蒙古人民共和国政府关于保.
④ 中华人民共和国政府与俄罗斯联邦政府环境保护合作协定[EB/OL]. [1994-05-27]. http://www.chinalawedu. com/falvfagui/fg23155/180986.shtml.

外交部部长王毅和蒙古国总理呼日勒苏赫共同出席启动仪式。[1]此外，近年来中国国家自然科学基金委也通过专门基金与俄罗斯、蒙古国等国家进行生态环境合作。

二、中蒙俄经济走廊开发合作中的生态环境挑战

建设中蒙俄经济走廊将实现三个国家的战略互补，对于三个国家来说是难得的发展机遇，对相关区域也将起到辐射带动作用。但同时，这一经济走廊开发难免产生生态环境问题，且由于三个国家的历史和国情等有所差异，生态环境风险加大可能滋生战略怀疑，给中蒙俄经济走廊相关投资建设项目带来不确定性。[2]

"一带一路"六大走廊建设面临的挑战和困难各不相同。与其他走廊建设面临种族宗教冲突、政局不稳等情况有所不同，生态环境恶化是中蒙俄经济走廊开发合作的主要挑战。受全球变暖、区域自然环境差异、社会经济水平、地缘政治复杂性等方面的影响，中蒙俄经济走廊开发合作面临大气污染、沙尘暴、土壤重金属化、水土流失及荒漠化、水资源匮乏、水质恶化、近海污染、生态退化等生态环境问题的严重挑战。如果这些挑战不能在一定程度上获得化解与应对，中蒙俄经济走廊建设的未来发展将受到极大限制与制约，缺乏可持续性。

（1）大气污染。中蒙俄经济走廊大气污染最严重的时间为冬季采暖期。俄罗斯的远东地区、蒙古国的乌兰巴托周边区域和中国的东北地区，采暖期较长，木材和原煤燃烧释放大量的烟尘，且冷空气不易扩散。俄罗斯的雅库茨克冬季雾霾持久不散与长期低温有很大的关系。蒙古国首都乌兰巴托是灰霾污染最严重的地区之一。2016 年 12 月 16 日，乌兰巴托成为西方严重的"全球雾霾之都"，据官方统计，当天巴扬霍舒区的 $PM_{2.5}$ 飙升至 1 985 微克/米^3，导致雾霾指数爆表，这一地区冬季 $PM_{2.5}$ 浓度基本高于 100 微克/米^3。[3]此外，中国东北老工业区域、俄罗斯远东地区供电、矿业、冶金工业发达也加剧了灰霾的产生。在中国环境资源部公布的空气指数十大重污染城市中，东北地区占了 8 个，污染主因皆为 $PM_{2.5}$，年平均浓度为 77 微克/米^3，超过国家二级标准 1.2 倍，是世界卫生组织（WHO）认为的健康值（10 微克/米^3）的 7.7 倍。[4]因而，在经济走廊开发合作中拟投资的火电等高耗能企业需要根据企业自身的排放强度、企业财力、技术能力等综合评估是否能够达到所在国家的标准。

（2）沙尘暴。中蒙俄经济走廊的东北西部地区处于蒙古高原到东北平原的缓冲地带，在西伯利亚极地冷空气南下的路径上，加上东北平原喇叭口地形的影响，春秋季通常会

① 2018 年中蒙经贸合作十大新闻[EB/OL]. [2018-12-14]. https://www.fmprc. gov.cn/ce/cemn/chn/tpxw/t1622041.htm.
② 王厚双，朱奕绮. 中蒙俄建设"中蒙俄经济走廊"的战略价值取向比较研究[J]. 北方经济，2015（9）：54-57.
③ 雾霾成全球"流行病"提升全民环保意识是当务之急[EB/OL]. [2017-02-27]. http://www.sohu.com/a/127382072_355578.
④《2015 年中国生态环境状况公报》。

形成大风天气，具备沙尘暴发生的气候条件。俄罗斯远东地区的南部每年仍然会受到多次沙尘天气的影响，甚至有特大沙尘暴。中国东北由于近百年来农业开垦和过度放牧，西部地区的农田和草原大面积退化和沙化，也容易产生沙尘天气。相比之下，蒙古国的沙尘暴更为严重，是世界上沙尘暴策源地之一。其占国土面积 1/3 的南部区域戈壁占亚洲沙尘暴总量的40%，[①] 每年 3—4 月是沙尘暴频发的季节，每年都有大量人员伤亡、通信和电力中断、工农业损失等。在中蒙俄经济走廊建设中，供电企业需要考虑沙尘暴对生产的影响。

（3）土壤重金属化。蒙古国和俄罗斯的煤矿和黑色金属资源是土壤污染的主要来源。其中俄罗斯远东地区工业是重金属污染的主要来源，俄罗斯的煤矿资源有95%分布在东部地区，天然气也有85%分布在这一区域，而采矿技术仍使用苏联时期的粗放式技术，冶炼、电镀、染料等行业产生的废水、废渣及废气，以及矿区的废弃物处理不当使这片区域铜、铅、镍、镉、钴、锰、汞、铬等重金属均超标。中国东北老工业区的铅、汞、镉、砷、铬等金属污染严重，主要分布在黑龙江、吉林、辽宁的污水灌区、旧工业区及城市郊区。农业污染也是导致土壤重金属化的原因之一，农业产区矿质肥料和农药的大量使用使得重金属污染加剧。俄罗斯对农业种植有着近乎苛刻的要求和十分严格的标准规定，要求确保农产品绝对无污染，农药化肥使用量非常少，只能施用国家认证的极少量的化肥，发展生态农业需要考虑土壤的本地情况对农产品品质的影响。

（4）水土流失及荒漠化。中国东北三省是中国最大的粮仓。俄罗斯远东地区有着富饶的土壤和大面积可开发的土地，正走在成为"世界粮仓"的路上。黑土区的水土流失往往是水力侵蚀、风力侵蚀、冻融侵蚀和重力侵蚀共同作用的结果。这片区域处于远东湿润带，属于北温带半湿润大陆季风性气候，夏季（6—9月）雨水充沛，占全年降水量的70%，其中40%～60%为大到暴雨，对土壤侵蚀很强，河流径流量大，造成冲刷加剧。另外，春季融雪过程中，表层土壤先融化，难以下渗，也是造成水土流失的一大因素。黑土区的西部风沙大、降水少，与西北地区的水土流失相似。

（5）水资源匮乏。蒙古国以及中国的内蒙古和东北、俄罗斯少部分区域水资源匮乏，其中蒙古国最为严重。蒙古国境内流经 2 个以上省份的河流有 56 条、大型湖泊 3 个、小河与溪流 6 646 条，其中 551 条断流或干涸；中小型湖泊和沼泽 3 613 个，其中 483 个干涸。[②]联合国开发计划署的资料显示，蒙古国除肯特、库苏古尔、色楞格、扎布汗、后杭爱等少数几个省份外，其余大部分省份包括首都乌兰巴托均为极度缺水地区。蒙古国南部戈壁地区矿产资源丰富，世界最大未开采的煤矿——塔温陶勒盖煤矿、奥尤陶勒盖铜金矿以及国家确立的多座战略矿均位于该地区，水资源短缺不仅影响城市发展和居民饮水，

---

① 绿色观察员. 向沙漠化宣战[EB/OL]. [2017-10-31]. https://www.sohu.com/a/201327884_99996753.

② 蒙古国水资源日趋短缺　内河流湖泊干涸严重[EB/OL]. [2011-10-26]. http://www.chinanews.com/ny/2011/10-26/3414504.shtml.

而且可能成为蒙古国经济发展、实现矿业兴国战略目标的"瓶颈"。如 2016 年蒙古国希望从中国获得 10 亿美元贷款，修建一座超级水电站，以达到能源自给的目的，中方拟投资建设蒙古额根河水电站，但是由于可能与俄罗斯产生用水权冲突，中国不得不放弃该项目。因此，投资开发前需要评估相关产业是否涉及跨界河流、水质争端等。

（6）水质恶化。工业排放和生活污水是俄罗斯远东地区水体污染的重要来源，其中又以矿业开发和公共事业为主。俄罗斯因矿藏开发形成的废弃土堆有数百亿立方米，在洪水或地震时易发生泄漏，导致水体污染，鲁德纳亚河的水污染就是一个例子。贝加尔湖水污染问题始于 20 世纪 50 年代，苏联在注入贝加尔湖的色楞格河旁建立了乌兰乌德市工业中心，其化工厂、轮胎厂、造纸厂的废水排放量大。20 世纪 70 年代，苏联意识到贝加尔湖的水污染问题，推行了一系列法规来限制排放，关闭重污染工厂。1994—2000 年，贝加尔湖的废水、废渣排放量分别减少了 26.2%、16.7%。[①] 2011 年，俄罗斯通过了《2012—2020 年保护贝加尔湖和贝加尔湖区社会和经济发展》。蒙古国首都乌兰巴托人口不断膨胀以及平房区生活设施不完善，蒙古国的"母亲河"——图拉河面临污染威胁，城市发展和居民用水问题日渐突出。

（7）近海污染。俄罗斯远东地区有 32 个海港、300 多个泊湾。近海污染涉及造纸、石油等行业及天然气污染、沉船事故等，污染物中 80% 来自入海河携带的污染物。2015 年，满载数百吨原油的油船 Nadezhda 号搁浅在俄罗斯远东地区涅韦尔斯克，导致了该地海岸线被原油严重污染，上百只鲣鸟被原油浸渍。俄罗斯库页岛进行的石油天然气开发项目使用海上储油罐存储后直接运输，极易导致漏油事故。此外，鄂霍次克海和白令海区域的纸浆造纸业、造船修船业、天然气开采等也非常容易导致污染。

在对中国东北黄海沿岸的物质分析中，硫化物、锌、铜、铅等物质明显超标。相关的污染物质容易引发赤潮等事故，如 2013 年 5 月 25 日至 8 月 31 日在我国东部沿海地区发生了大面积赤潮污染，影响面积达 1 450 平方千米。

（8）生态退化。森林资源的丧失是生态退化的导火索。以中国东北为例，东北林区的林业用地面积不断减少，黑龙江省林业用地面积每年减少 10 万公顷，吉林省每年减少达 4 万公顷。东北地区的主要森林资源，如兴安落叶松、华北落叶松等已经随着冻土退化出现大面积的退化现象。在俄罗斯远东地区，成熟针叶林储备大幅减少，每年约有 15 万公顷的森林被砍伐，尤其是松树、阔叶树混合林、云杉等经济物种，森林的生长速度远远跟不上砍伐的速度。此外，这一地区森林火灾频繁，每年俄罗斯远东地区森林过火面积占俄罗斯总过火面积的 80% 以上，平均每年烧毁的面积达 20 万公顷。

中蒙俄经济走廊缓冲区沿线保护的动物和植物分别超过 300 多种和 80 多种，其中 25 个物种被列入《濒危物种红皮书》。栖息地的丧失加上人群的狩猎，使得东北虎、北极

[①] 伊·阿科达莫夫，罗见今. 贝加尔湖区环境保护的历史发展[J]. 咸阳师范学院学报，2013（2）：83.

熊等多种远东地区珍稀而特有的物种正面临灭绝。一个世纪以来，东北虎的数量减少了95%，2015年年初，国际野生生物保护学会（WCS）的统计数据显示，世界上仅存野生东北虎在500头之内。现在栖息于俄罗斯远东地区的豹仅有30头左右，也濒临灭绝。贝加尔湖湖区是世界上拥有濒危动植物最多的湖区，截至2017年，贝加尔湖共有848种动物和鱼类、133种植物濒临灭绝。[①]

中蒙俄经济走廊开发合作中主要面临以上八个方面的生态环境挑战，走廊缓冲区众多保护区的设立也对整个经济走廊的建设空间范围形成重要约束，这些严苛的生态环境限制了经济走廊的开发和建设。因此，我国企业在参与中蒙俄经济走廊开发合作时，需要综合考虑这些生态环境问题，并做好相应评估和预案，包括研究当地相关法律和标准，评估拟投资行业是否属于可能加剧大气污染、沙尘暴、土壤污染、水资源匮乏、水质恶化、生态退化的行业。

三、实现中蒙俄经济走廊绿色发展合作

综上所述，不难获得这样的结论：中蒙俄经济走廊建设十分重要，迄今也取得了一定进展，但该区域经济走廊建设的进深发展需要有效应对和解决环境风险与问题，需要将绿色发展合作贯穿经济走廊建设的各个领域和建设的全过程。绿色发展是建立在生态环境容量和资源承载力的约束条件下，将环境保护作为实现可持续发展重要支柱的一种新型发展模式。

为进一步推进中蒙俄经济走廊的绿色发展合作，共建绿色"一带一路"，需要充分发挥政府、学界和社会三方合力；分区应对生态环境敏感问题；有效开展生态环境评估和管理，以及加强环境风险管理，做好生态环境问题应急处置等。

（1）发挥政府、学界和社会三方合力。政府、学术界和社会（NGO、媒体、企业等）是生态环境合作模式的三个必要角色。政府通过政策措施的制定和资金的杠杆作用，带动学界和民间组织识别企业开发中的环境问题，并找到解决方案，从而制定相应的政策措施。学术界发挥先导和支撑作用。NGO和媒体发挥监督与宣传作用。

（2）分区应对生态环境敏感问题。对于中蒙俄经济走廊经过的气候寒冷、大坡度、高海拔、荒漠化、水资源匮乏的地区，以及贝加尔湖、扎龙等濒临灭绝的生物多样性保护区等，在基础设施施工、产业合作过程中需要因地制宜做好生态影响评估、生态环境承载力和资金技术支撑方面的工作。

①在气候寒冷区进行工程开发时，除需要充分考虑施工方的技术能力、冻土层破坏可能带来的负面影响外，也要预测未来几十年内气候变化可能对冻土层上的公路、铁路等带来的

---

① 百度百科. 贝加尔湖水怪[EB/OL]. [2020-12-01]. https://baike.baidu.com/item/贝加尔湖水怪/5819790.

负面影响；②在高海拔与大坡度区，施工前需要做好工程调研和评估，并对可能发生的滑坡、泥石流等事故做好预案；③在水资源短缺与荒漠化区，分析开发过程中对水资源和荒漠化的敏感性，从区域可能造成的生态环境问题和开发的适宜性，做好选址和工程论证；④在重要的功能区或保护区，应尽可能避开珍稀动物的迁徙通道（如建立高架桥，需留出动物迁徙通道）、防治噪声污染（通过重新勘测路线，避开珍稀动物栖息地）、防治工程导致的栖息地破碎化，在进行工程施工的同时，做好动植物生物多样性的保育工作；⑤对于中蒙俄经济走廊经过的重要节点城市与港口，考虑地理位置和自然资源的不可替代作用，应综合分析城市特点和发展潜力，再进行相应合作。例如，莫斯科是俄罗斯的政治、经济和文化中心，尤其是城市的南部和东部，地势平坦，森林广布，开发潜力大，对中蒙俄经济走廊合作开发十分有利，可以作为优选；在伊尔库茨克，建议在保证水质的情况下，矿业合作开发、木材加工等高耗水的行业可以进入，并开展环保合作；在乌兰巴托，重点以道路等基础设施建设为主，不可大面积地进行矿业开发，高耗水和对生态环境要求比较高的企业要谨慎投资合作；在布拉戈维申斯克，除基础设施开发外，对水资源消耗量比较大的区域可以考虑优先合作；在哈巴罗夫斯克可以进行矿业开发、高耗水的行业和木材加工等企业合作；在符拉迪沃斯托克可以进行港口基础设施、海洋开发、海上交通运输等领域合作。

（3）有效开展生态环境评估和管理。中蒙俄经济走廊开发合作中的生态环境问题与产业合作的类型、开发方式、技术储备、管理水平等因素有关。中俄产业合作主要集中在基础设施建设、金属、油气等矿产开发、石油加工、木材加工、煤炭开采、贸易等；中蒙产业合作主要集中在基础设施、水处理、铜、煤炭、铁、磷、石棉等矿产合作。

在进行合作开发时，除需要做好入驻前的生态环境评估外，还需要综合考虑东道国的相关生态环境法律法规、监测标准；对于相关标准严格的区域需要进行与相关标准的对接，对于相关法律法规缺乏的区域需要参考相关的国际标准；能够预测未来企业产生的生态环境问题和东道国的相关法律法规变化趋势，以做好应对措施；对生态环境有一定影响的项目，在投资建设前需要调查资质要求和进行完善的环境影响评价报告，在充分了解当地生态环境质量状况、环境承载力、环境法律和标准及建设项目的可行性（选址、社会经济情况等）的基础上，对项目建设和运行过程中的环境影响进行深入分析。

（4）做好生态环境问题应急处置。当生态环境事故发生时，首先应该从源头遏制，如发生水源污染时，首先要做的是切断污染源；对生态环境问题的危害面积、危害区域、危害程度等的发生发展过程进行监控；进行综合评估，及时采取有效的措施进行补救，如可以采用关闭部分施工现场、交通管制等措施；采取补救措施，如水污染事件发生后，不仅需要采取人员转移、及时提供清洁饮用水等措施，还需要积极救治相关的人员、对相关人员进行补偿、清除污染物等。除此之外，从长远的角度考虑，还需要制订环境修复计划，备足资金、技术和人员，修复生态环境。

中国—老挝交通廊道生态状况与生态走廊建设分析

文/钱钊晖　李霞　王绍强

　　中国—老挝（以下简称中老）交通廊道作为澜沧江—湄公河（以下简称澜湄）流域经济发展带互联互通的重要组成部分，实现了城市、区域和国家间经济、文化活动的联通，对推动地区产业经济发展起到了重要作用。但交通廊道的建设在生态系统中形成了不同于两侧基质的狭长景观单元，具有通道和阻隔的双重作用。它将区域内完整的生态景观斑块分隔开，其结构特征对于景观的生态过程具有强烈的影响。而生态走廊在景观尺度上具有保护生物多样性、过滤污染物、防止水土流失、防风固沙、调控洪水等多种功能。建立生态走廊是解决这种人类剧烈活动造成的景观破碎化，以及随之而来的众多环境问题的重要措施，也是景观生态规划的重要方法。

　　本文主要通过卫星遥感数据分析中国与老挝交界地区交通廊道建设的生态现状，探讨交通廊道周边区域生态环境的时空演变特征，阐明中老交通廊道与生态走廊设计的协同作用，对中老交通廊道生态保护与生态走廊建设提出建议：深入推进中老生态保护领域科技合作，推动中老生态走廊联合修复行动，依托生态走廊发展区域特色产业，推进区域交通廊道与生态走廊协同发展的主流化趋势。

一、中老交通廊道生态环境演变

　　中—老交通廊道主要包括昆曼公路和中老铁路，连接中国玉溪市、普洱市、西双版纳傣族自治州 3 个地级行政区，以及老挝琅南塔省、博胶省、乌多姆赛省、琅勃拉邦省、万象省和万象市 6 个省级行政区，共 9 个行政区，总面积为 143 099 平方千米，总人口为 872 万人。区域地处北纬 17°58′～24°53′、东经 99°09′～103°24′，主要地形是山地和高原，海拔最高达 3 158 米，最低为 150 米，由北至南海拔逐渐降低。中国境内主要为滇西高原，山地走向主要为西北—东南走向，老挝境内山地走向主要为东北—西南走向。区域主要涉及亚热带季风气候和热带季风气候 2 个气候带，年平均气温约为 26℃，5—10 月为雨季，11 月至次年 4 月为旱季。区域雨量充沛，年降水量最少为 1 250 毫米，最大达 3 750

毫米，一般年份降水量约为 2 000 毫米。

（一）昆曼公路沿线土地利用类型演变

昆曼国际公路全长 1 800 余千米，起于昆（明）玉（溪）高速公路入口处的昆明收费站，止于泰国曼谷。全线由中国境内段、老挝境内段和泰国境内段组成。本次研究的中国境内云南段由昆明起至磨憨口岸，共 827 千米；老挝境内段从中老边境城镇老挝磨丁至会晒，全长 247 千米。

昆曼公路中国段和老挝段周围主要是常绿阔叶林，主要分布于公路 1/5—4/5 路段，这部分路段以山区为主，森林资源丰富，人口密度较小。其中，以人工橡胶林为主的经济林是昆曼公路周边 10 千米缓冲区范围内的主要地物，其集中分布于昆曼公路的中国境内段景洪市至勐腊县之间。

与 2000 年相比，2017 年昆曼公路周围的常绿阔叶林急剧减少，土地利用类型比例下降了 18.62%，主要转化成灌木、经济林和耕地。相应地，经济林和耕地的比例增加明显。其中，昆曼公路周围的经济林覆盖面积由 10.04% 增至 19.32%；耕地则呈倍数增加，由 1.98% 增至 9.31%。总体来看，昆曼公路周边 10 千米缓冲带内的天然林面积在 2000 年以来大幅减少，大多转变为人工种植的经济林以及耕地等人类活动主导的土地利用类型。

（二）中老铁路沿线土地利用类型

中老铁路连接中国昆明和老挝万象，铁路全长 1 000 多千米，为电气化客货混运铁路。其中，中国段正线全长 508.53 千米，老挝境内段全长 414 千米，本次研究区为中国玉溪到老挝万象段。与昆曼公路相似，中老铁路规划路线的 10 千米缓冲区范围内，常绿阔叶林是分布最多、最广的地物类型，约占总面积的 50%。除常绿阔叶林外，经济林和耕地也是面积占比较大的土地利用类型。其中，经济林集中分布在西双版纳至中老边境一带，这与昆曼公路周边的土地利用类型相似，是西双版纳橡胶林种植区，而耕地则主要集中分布于人口密集的老挝万荣至万象市一带。

（三）交通廊道连接区生态环境时空演变

基于植被生态遥感监测的理论基础，使用归一化植被指数（Normalized Difference Vegetation Index，NDVI）这一生态遥感学领域常用指标来反映地面植物的生长状况和绿色生物量，其数值越高通常表示地面植被覆盖度越高、生态状况越好，以此来表述中老交通廊道生态环境状况的时空演变。

中老交通廊道连接区域内植被覆盖密集，NDVI 普遍较高，且各省市 NDVI 值差异较小。老挝博胶省、琅南塔省和琅勃拉省的 NDVI 值较大，均大于 0.7，其中琅南塔省的年均 NDVI 值最大。中国玉溪市和老挝万象市年均 NDVI 值较小，均小于 0.6，且中国玉溪市的 NDVI 值最小。此外，从时间演变趋势来看，2005—2017 年，我国境内大部分地区的 NDVI 值呈显著增加趋势，其中普洱市和西双版纳傣族自治州的变化趋势较大。而中国境内的玉溪市以及老挝境内的所有省市大部分区域均无显著变化趋势。

二、中老交通廊道与生态走廊设计的协同作用

生态走廊是能够提供保护生物多样性、过滤污染物、防止水土流失、调控洪水等多项生态系统服务的廊道类型，是保持生态功能、生态过程、能量在核心斑块间顺利流动的关键载体。基于文献调研与研究区数据的可获取性，利用生态安全格局构建的基本模式——"源地—廊道"识别，分析中老交通廊道与生态走廊设计的协同作用。

（一）生态源地的识别

生态源地是物种迁徙和扩散的源点，在维持景观格局的健康与完整、满足人类生态需求方面具有重要地位。一般来说，生态源地要满足以下 3 个条件：能够提供重要生态系统服务、对环境变化响应迅速、对维持生态系统结构完整性具有重要意义。基于此，选取生态系统服务、生态敏感性、景观连通性三个指标综合识别生态源地。

将生态系统服务、生态敏感性、景观连通性以 0.4、0.3、0.3 的权重叠加，叠加结果可划分为极重要、一般重要、不重要三个生态重要性等级。其中，在中老交通廊道连接区域中，生态极重要斑块面积为 8 367 平方千米，主要位于云南省普洱市的东南部与西双版纳傣族自治州、老挝北部的琅南塔省与乌多姆塞省以及老挝东部部分地区，这些极重要斑块即生态安全格局的源地。

（二）生态走廊的设计

在生态走廊的设计中，常使用最小累积阻力面的概念。它反映了哺乳动物的迁徙、植物种子的传播等物种扩散的空间和时间过程，表示生态过程从源地到目标点的最小累积耗费距离。本文将生态源地斑块的中心点作为源/汇点，提取并判别生态走廊网络。

研究结果显示，生态走廊主要分布在植被覆盖相对较好的区域，总体避开了人为干扰大的建设用地，能够对源地之间的物种迁徙和能量流通起到桥梁作用。经统计，中老接壤区域生态走廊总长度为 2 670 千米，其中关键廊道长度为 1 347 千米。从生态系统类型组成来看，生态走廊覆盖地区大多为林地，少部分穿过居民地和耕地，其中在中国西双版纳地区穿过较多经济橡胶林。

（三）重要栖息地节点

重要栖息地节点是指连接较多廊道、能够为生物迁徙提供暂息地功能的地区，相当于生物穿行过程中的"垫脚石"，一般将源/汇点相连廊道相交处作为重要栖息地节点。重要栖息地节点地区是生物暂息、补充食物的主要地区，承载着物种之间进行物质、能量、信息交流的重要功能，因此在这些位置处廊道宽度应大于一般生态走廊地区。考虑栖息地节点的重要作用，对于节点中生态环境较好的地区应进行合理保护，维护生境完整性；对于生境遭到破坏的栖息地节点处，可通过人为积极干预构建稳定良好的群落结构，根据不同植物特性将乔、灌、草、藤等植物进行合理的搭配，因地制宜，使种群间相互协调，形成复合的层次结构和丰富的季相变化，使群落具有较强的稳定性和抗干扰性，有利于保护和提高生物多样性，改善生态环境。

三、结论与挑战

通过生态环境遥感方法对中老交通廊道和生态走廊进行研究后，得出以下结论与面临的挑战。

（1）交通廊道建设对当地土地覆被格局变化具有一定影响。中老交通廊道区域形成了以林地为景观"基质"，耕地、经济林为景观"廊道"，草地、居民地为景观"斑块"的格局模式。交通廊道建设前后，常绿阔叶林、灌木等林地向经济林、耕地转换是廊道周边主要的土地利用变化特征。交通廊道的修建加快了其周围土地利用类型的变化，对当地土地覆被类型、格局发展具有一定的影响。

（2）中老交通廊道植被总体覆盖较好，但生态环境挑战仍不容忽视。中老交通廊道连接区域降雨丰沛，对于植被恢复具有有利条件。考虑研究区内尤其是中国境内气候变化趋势并不显著，中国境内普洱市、西双版纳傣族自治州 NDVI 呈显著增长趋势可能与当地常绿阔叶林（包括热带季雨林和山地雨林等）和灌木林转换为经济林有关，这将带来一定风险。而老挝方面，廊道所经过的各个城镇尤其是万象市周边 NDVI 呈显著下降趋势，是当地经济发展、城市化进程导致居民点增加的必然结果。

（3）经济发展导致区域景观破碎化趋势管理压力增大。交通廊道建设对于原始生态带来的扰动，在造成原始生境面积减少的同时也使得生态系统趋于破碎化。从昆曼公路 3 个缓冲区景观指标变化率可以看出，交通廊道的发展对周边地区土地利用情况产生部分影响，这种人为因素导致的土地利用线性分布格局将不利于野生动物的生存，加大了当地生态系统管理的挑战。

四、政策建议

中老交通廊道是澜湄合作互联互通的重要内容，其所在区域也是重要的生态敏感区，廊道周边生态环境状况和生态走廊建设必将得到国际社会的普遍关切。在以上研究的基础上，提出以下政策建议。

（1）深入推进中老生态保护领域科技合作。充分认识科技合作在双边合作与区域生态保护中的重要引领和支撑作用，将包括生态走廊建设在内的生态修复领域作为中老科技合作的优先领域，并将其纳入两国政府间科技合作的重点方向。支持并鼓励中老科研人员围绕落实联合国 2030 年可持续发展目标，在澜湄次区域生态环境遥感监测、生态走廊修复和建设、气候变化风险预估与适应策略、农村生态修复与环境整治、生态产业发展等领域开展深入的科技合作，并积极争取联合国环境规划署等国际组织的项目支持。

（2）推动中老生态走廊联合规划行动。在昆曼公路、中老铁路沿线城市周边及交通走廊两侧等人类活动扰动较大的区域，依据地形、植被特点规划建设生态过渡带和缓冲区，减少交通廊道对周边景观和区域生态系统的影响。在生态走廊与交通廊道交叉的关键节点及周边地区，根据实地情况建设关键物种迁徙和野生动物通道配套设施。在生态走廊连接密集、人类活动密集、景观破碎化严重的薄弱环节，开展植被重建，改善栖息地的破碎化、岛屿化状况，提升生态走廊整体效能。

（3）依托生态走廊发展区域特色产业。积极了解并尊重当地居民的意愿与文化传统，通过给予当地居民用工优惠政策，以及设置森林、湿地管护等相关工作岗位，积极吸纳当地居民参与生态走廊建设工程。通过设计既具有生态价值又具有美学价值的景观设施，建立以生态理念为核心指导的景观廊道示范基地或动植物观测科学教育平台，尝试形成依托生态走廊建设的、特色明显的绿色发展生态产业带，在提升生态价值的同时赋予其经济社会价值，形成可持续的发展模式。

（4）推进区域交通廊道与生态走廊协同发展的主流化趋势。充分调动交通廊道设计与施工企业对于生态走廊规划与建设的积极性，在国际和区域合作平台分享优秀生态走廊项目。加强中国、老挝两国技术人员的交流与培训，举办以生态修复与廊道建设为主题的国际研讨会，提高中老生态走廊建设成就的国际影响力。

参考文献

[1] 王绍强，许端阳，等. 中老交通廊道与生态走廊建设的遥感监测[R]. 中国科学院地理科学与资源研究所，2018.

[2] 康生."一带一路"战略下中老关系问题研究[D]. 长春：吉林大学，2017.

[3] 韦健锋. 中老铁路与老挝地缘战略价值的提升[J]. 东南亚南亚研究，2017（4）：14-19.

[4] 李晨阳，杨祥章."一带一路"框架下的中国—周边互联互通[J]. 战略决策研究，2016，7（5）：3-13，101.

东盟国家应对气候变化政策机制分析及未来合作建议

文/奚旺　袁钰

东南亚是世界上受到气候变化影响较大的地区之一，全球最易受气候变化影响的 20 个国家涵盖印度尼西亚、泰国、缅甸、马来西亚、越南和菲律宾 6 个东盟国家。随着东盟国家社会的发展与经济的快速增长，以传统化石能源为主的能源消耗水平不断攀升，由此带来的负面影响开始显现。为此，东盟国家近年来积极加强应对气候变化制度和机制建设，深化应对气候变化国际合作，将提升本区域能力建设作为开展国际合作的重要内容。

党的十九大报告指出，中国引导应对气候变化国际合作，成为全球生态文明建设的重要参与者、贡献者和引领者。近年来，中国积极参与全球气候治理，坚定支持多边进程和《巴黎协定》，大力推进气候变化南南合作，为促进全球合作应对气候变化发挥了积极的建设性作用。东盟与中国均易受到气候变化的不利影响，加强双方应对气候变化交流与合作，有利于凝聚东盟各方应对气候变化领域共识，引导应对气候变化国际合作，服务我国在应对气候变化领域的相关谈判工作。

为此，本文测算了东盟国家二氧化碳排放情况，分析了其应对气候变化的相关政策机制，梳理了东盟国家的国家自主贡献及特点，并对中国—东盟应对气候变化提出以下合作建议：一是建立中国—东盟应对气候变化合作机制，有效推动区域应对气候变化合作；二是依托"绿色丝路使者计划"，搭建中国—东盟应对气候变化交流合作平台和网络，加强与东盟国家的能力建设合作；三是依托中柬环境合作中心，打造气候变化南南合作的试点示范，推动我国绿色技术和产业"走出去"；四是持续开展东盟国家应对气候变化专项研究项目，为开展与东盟国家应对气候变化的谈判及合作提供技术支撑。

一、东盟国家二氧化碳排放情况

东盟国家能源资源储量较为丰富，随着近几年人口的快速增长和社会经济的发展，对能源的需求量不断加大，各国持续加大能源产量，能源的供给量和消费数量不断增加，且能源结构的主体是煤炭、石油等传统化石能源，导致东盟国家二氧化碳排放量持续增长。如表 1 所示,从东盟整体上看,东盟国家 2014 年二氧化碳排放量达到 1 391 527.5×10^3 吨,相比于 2000 年二氧化碳排放量增幅达 82%,保持着快速增长的态势,控制二氧化碳排放的增速对东盟国家来说十分必要。

表 1 东盟国家二氧化碳排放整体情况

类别	2000 年	2005 年	2010 年	2014 年
二氧化碳排放量/10^3 吨	764 096.5	988 065.8	1 199 028.3	1 391 527.5
人均二氧化碳排放量/吨	3.8	3.6	4.9	5.1
二氧化碳排放量/(千克/GDP)	0.57	0.55	0.57	0.55

从东盟各国来看,东盟国家二氧化碳的排放情况差异较大,增长幅度同样有所不同。如图 1 所示,印度尼西亚、泰国、马来西亚、越南等新兴市场国家二氧化碳排放量较大、增长速度较快,其余东盟国家的排放量较低且基本保持平稳。印度尼西亚是东盟国家中二氧化碳排放量最高的国家,其二氧化碳排放量在 2012 年达到峰值 637 078.9×10^3 吨;泰国和马来西亚的二氧化碳排放量紧接其后,呈平稳的增长趋势,与印度尼西亚的排放量差距较大;越南的二氧化碳排放量在 2006 年后超过 100 000×10^3 吨并且呈较大幅度增长,2011 年后增速有所缓解,排放量有所下降。

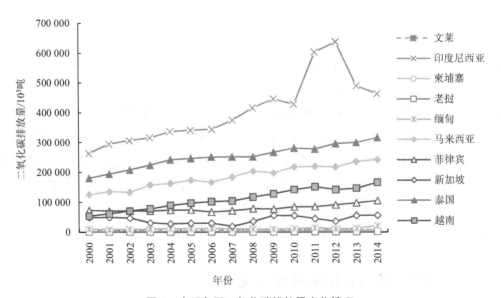

图 1 东盟各国二氧化碳排放量变化情况

资料来源:世界银行,《二氧化碳排放量》,2019。

东盟绝大部分国家的人均二氧化碳排放量较低，基本保持着平稳的增长态势。如图 2 所示，文莱、新加坡人均二氧化碳排放量处于高位状态，波动状况明显；马来西亚、泰国人均二氧化碳排放量虽不及文莱和新加坡两国，但始终保持着平稳的增长速度；其余东盟国家的人均二氧化碳排放量水平较低且较为平稳。文莱的人均二氧化碳排放量一直位居东盟国家前列，并在 2006 年开始大幅增长，这与文莱高密度的化石能源消费有关；新加坡的人均二氧化碳排放量自 2000 年开始基本保持平稳下降的趋势，并在 2007 年出现最低值。马来西亚的人均二氧化碳排放量虽然不高，但上升趋势明显。

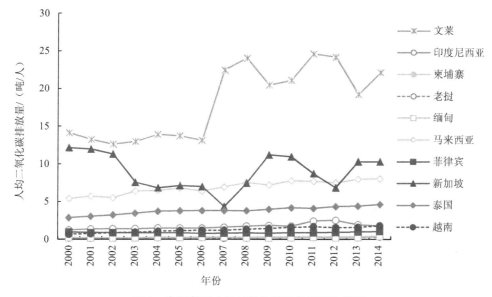

图 2　东盟各国人均二氧化碳排放量变化情况

资料来源：世界银行，《二氧化碳排放量》，2019。

如图 3 所示，东盟国家中，单位 GDP 二氧化碳排放量存在明显差异，除少数国家外，大部分国家的单位 GDP 二氧化碳排放量基本保持着较为稳定甚至下降的趋势。越南、泰国、马来西亚、文莱、印度尼西亚 5 国的单位 GDP 二氧化碳排放量位居前 5，越南排放量总体呈上升趋势，于 2011 年达到峰值，是目前东盟国家单位 GDP 二氧化碳排放量唯一超过 1 千克的国家。文莱的单位 GDP 二氧化碳排放量在 2006 年出现大幅增长；老挝、缅甸的单位 GDP 排放量总体上保持着较低的水平，并逐渐下降；新加坡的单位 GDP 排放量总体保持下降趋势。

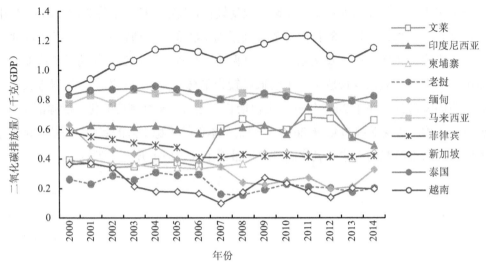

图 3　东盟各国单位 GDP 二氧化碳排放情况

资料来源：世界银行，《二氧化碳排放量》，2019。

二、东盟国家应对气候变化政策机制

东盟国家对气候变化具有高度敏感性，持续关注气候变化相关问题，积极加强气候变化制度和机制建设，设立应对气候变化各级政府机构，制定气候变化总体战略方针和具体行动方案，对推动区域减缓温室气体排放和气候变化适应工作起到重要积极作用。

（一）东盟框架下应对气候变化的相关政策机制

《东盟共同体愿景 2025》提出建设和平稳定、可持续发展、充满活力的共同体，增强有效应对挑战的能力。为实现这一愿景，东盟领导人于 2015 年在东盟峰会上通过了《东盟政治安全共同体、经济共同体和社会文化共同体蓝图》。其中，《东盟社会文化共同体蓝图》（ASCC）将可持续气候作为 18 个关键领域之一，提出加强气候变化适应和减缓能力、制定应对气候变化对策、创新融资机制、提升温室气体清查、脆弱性评估和适应需求能力、加强全球伙伴关系等政策措施。

在东盟环境合作框架下，东盟成员国于 2009 年设立了东盟应对气候变化工作组（AWGCC）[①]，旨在加强区域气候变化合作，处理气候变化对东盟成员国社会经济的不利影响；制定《东盟气候变化联合声明》，协调各地区的利益、关切和优先事项；促进东盟

---

① AWGCC 主席国由东盟国家轮流担任，任期 3 年。

各部门机构的协调与合作，如能源、林业、农业、交通、科技、灾害管理等部门。AWGCC还制定了《东盟应对气候变化行动计划》，设立了适应性和恢复力、减缓、技术转移、气候金融、跨部门协调和全球伙伴关系5项任务和30项具体行动，目前其中5项行动已经完成、18项行动正在积极推进。另外，东盟环境高官会（ASOEN）于2015年9月同意制定《东盟环境战略计划》（ASPEN），提出将应对气候变化作为七大优先领域之一。

（二）东盟国家应对气候变化的相关政策机制

东盟国家为加强同联合国气候变化框架公约秘书处（UNFCCC）的沟通和交流，积极加强应对气候变化的机构建设，在国家层面成立了国家联络点。为加强政府部门间的交流与合作，东盟国家成立了高级别的政府机构，负责国家层面的气候变化政策制定和部门间的统筹协调。此外，东盟国家还成立了隶属部级单位的司局、处级单位，负责执行与气候变化相适应的相关政策。目前，除缅甸只建立了 UNFCCC 国家联络点外，其他东盟国家都建立了 UNFCCC 国家联络点、国家气候变化政策机构和国家适应政策机构，如表2所示。

表2　东盟国家 UNFCCC 国家联络点、国家气候变化政策机构和国家适应政策机构

国家	UNFCCC 国家联络点	国家气候变化政策机构	国家适应政策机构
文莱	环境、公园和休闲司	国家气候变化委员会	—
柬埔寨	环境部	国家气候变化委员会、国家可持续发展委员会	环境部气候变化技术工作组
印度尼西亚	环境和林业部气候变化总局	国家气候变化委员会	环境和林业部气候变化总局
老挝	自然资源与环境部气候变化司	国家气候变化指导委员会	自然资源与环境部气候变化司
马来西亚	能源、技术、科学、环境与气候变化部	国家气候变化指导委员会、国家绿色科技和气候变化委员会	能源、技术、科学、环境与气候变化部
缅甸	国家环境事务委员会	—	—
菲律宾	气候变化总统工作组	气候变化部门间委员会、气候变化总统工作组	气候变化总统工作组
新加坡	国家环境署资源保护司	气候变化部级联合委员会、国家气候变化秘书处	国家环境署资源保护司
泰国	自然资源和环境部自然资源和环境政策规划办公室	国家气候变化委员会	自然资源和环境部自然资源和环境政策规划办公室气候变化管理协调处、泰国温室气体组织
越南	自然资源与环境部气候变化司	国家气候变化委员会	自然资源与环境部气候变化司

随着UNFCCC主导下的气候变化谈判与合作不断推进，气候变化给东盟国家带来的损失日益加重，东盟峰会和环境部长级会议等逐渐聚焦气候变化问题，东盟国家也开始把应对气候变化纳入政策议程中，以减缓气候变化的不利影响，提高自身适应气候变化的能力。如表3所示，东盟国家积极制定本国应对气候变化的政策规划及行动计划，推动应对气候变化的政策和措施的有效实施。

表3　东盟国家应对气候变化的政策规划及主要内容

国家	政策规划	主要内容
文莱	—	—
柬埔寨	《柬埔寨气候变化战略规划（2014—2023）》	于2013年制定，包括提高应对气候变化的能力、提升生态系统恢复力、推动低碳规划和技术、提高应对气候变化知识和意识等 8 项战略目标
柬埔寨	《柬埔寨气候变化行动计划》	于2017年制定，涉及171项气候行动，其中7%为减缓气候变化行动，93%为适应气候变化行动
印度尼西亚	《国家应对气候变化行动规划》	于2007年制定，概括指出印度尼西亚气候变化的脆弱性，并设定即时、短期、中期及长期的行动措施来应对气候变化
印度尼西亚	《印度尼西亚气候变化部门路线图（2010—2029）》	于2010年制定，强调森林、能源、工业、运输、农业、海岸、健康及水资源等领域气候变化的风险和挑战，重点指出气候变化对其危害发生的路径
老挝	《老挝气候变化战略》	包括农业和粮食安全、林业和土地利用变化、水资源、能源和交通、工业、城市发展、公共卫生、教育和公众意识8个优先领域
老挝	《老挝气候变化行动计划（2013—2020）》	包括加强气候变化机构和人力资源能力、提高应对气候变化的适应能力、通过减少温室气体排放来减缓气候变化、加强气候变化教育提高公众意识4个方面
马来西亚	《国家气候变化政策》	于2009年通过，包括可持续发展路径、资源与环境保护、协调执行、高效参与和共同但有区别的责任5项原则，以及43个核心行动和10个战略重点领域
缅甸	《缅甸气候变化政策、战略和总体规划》	重点关注气候智能型农业、渔业和畜牧业，天然橡胶可持续管理，低碳能源、交通和工业，可持续城市、气候风险管理等
菲律宾	《气候变化法案》	于2009年通过，重申在地方、国家以及全球层面协调应对气候变化的紧迫性
菲律宾	《国家气候变化战略框架》	于2010年制定，包括气候变化的影响与脆弱性、气候过程驱动因素、减缓和适应等若干方面
新加坡	《国家气候变化战略》	于2012年发布，包括减少各部门排放量、努力适应气候变化、把握绿色增长机会、构建气候变化行动合作关系4个策略
泰国	《泰国气候变化总体规划（2015—2050）》	包括应对气候变化负面影响的适应性、减少温室气体排放并增加碳汇、加强人员和机构能力建设3方面策略
越南	《国家气候变化战略》《国家气候变化行动计划（2012—2020）》	—

三、东盟国家应对气候变化的国家自主贡献

《巴黎协定》中,最大的亮点即确立了"自下而上"的行动机制,在新协定下,各缔约方将以"国家自主贡献"的方式参与全球应对气候变化行动。为此,东盟国家迅速批准了该协定,随后均向 UNFCCC 提交了国家自主贡献报告,提出了减缓和适应气候变化的措施,多数国家还明确了到 2030 年的温室气体减排目标,如表 4 所示。

表 4　东盟国家应对气候变化国家自主贡献目标

国家	基准年份	减排目标
文莱	基准情境	到 2035 年,能源消费总量降低 63%,提高可再生能源比例;将森林覆盖率提高到 55%
柬埔寨	基准情境	到 2030 年,有条件减排 27%,包括能源、交通、制造业和其他领域的减排;增加森林覆盖率,使其在 2030 年达到国土面积的 60%
印度尼西亚	基准情境（2010）	到 2020 年无条件减排 26%,到 2030 年无条件减排 29%。如得到国际合作的支持,到 2030 年这一比例将提高到 41%
老挝	2005—2015	到 2030 年,实施多个领域的政策和措施,可再生能源占能源消耗的比例达到 30%,森林覆盖率达到国土面积的 70%
马来西亚	2005	到 2030 年,温室气体排放强度比 2005 年降低 45%,其中 35% 是无条件的,另外 10% 需从发达国家获得气候融资、技术转让和能力建设
缅甸	—	到 2030 年,实施多个领域的政策和措施
菲律宾	基准情境（2000）	到 2030 年,温室气体减排 70%,取决于包括技术开发和转让、能力建设在内的财政资源规模
新加坡	2005	到 2030 年,碳排放强度降低 36%,碳排放量达到峰值
泰国	基准情境（2005）	到 2030 年,温室气体排放量降低 20%。若在 UNFCCC 框架下达成一项平衡和建设性的全球协议,使技术开发和转让、财政资源和能力建设的可获得性得到充分加强,可在基准情境的基础上减少 25%
越南	基准情境（2010）	到 2030 年,温室气体排放量无条件减排 8%,如得到双边或多边的国际支持以及实施新的气候变化协定,单位 GDP 排放量可减少至 30%;森林覆盖率增加到 45%

资料来源:根据联合国气候变化框架公约网站资料数据整理。

对东盟国家的国家自主贡献进行梳理,有助于了解东盟国家应对气候变化的主要目标和特点,明确中国与东盟国家未来合作的方向和内容。如表 4 所示,大部分东盟国家提交的国家自主贡献中均包含了可量化的预期应对气候变化行动目标,呈现出如下特点。

（1）采用碳排放强度的减排目标。新加坡和马来西亚的 2030 年减缓目标是国内生产总值和温室气体排放强度比 2005 年分别减少 36% 和 45%。这种减排方式的实质是相对减排，强调在发展过程中减缓温室气体的排放，鼓励在经济社会发展过程中提高能源的利用效率而不是特别关注排放总量。

（2）使用常规发展情境作为减排基准。文莱、印度尼西亚、越南、柬埔寨、泰国和菲律宾等东盟国家采用了此种减缓目标。这种减排方法不是像绝对减排那样相对于基准年排放量的下降，而是相对于没有采取减缓政策措施的原有发展轨迹的减少，其优点在于实施减排的基准可以随着时间变化，可以为未来发展所需要的排放增加留有余地。

（3）提出增加森林碳汇以减缓气候变化。文莱、柬埔寨、越南和老挝等国提出通过提高森林覆盖率的方式来减缓气候变化。缅甸、柬埔寨和老挝这 3 个东盟国家温室气体排放量小、森林覆盖率高，作为联合国认定的最不发达国家，这 3 个国家无须通过工业减排来减少温室气体排放，但通过维护现有森林的完好性及种植新的树木来吸收大气中的温室气体也可以达到减缓气候变化的效果。

（4）强调国际社会的支助。在东盟 10 国中，除了综合国力较强的新加坡，其余 9 国都在寻求国际社会的支助，体现在资金、技术和能力建设等方面，有的国家甚至将国际社会资助的水平与应对气候变化措施的实施强度联系起来。其中，多个东盟国家的减缓目标可分为无条件减缓目标和有条件减缓目标，有条件减缓目标需要在获得国际社会的资金、技术和能力建设等方面的资助的情况下方可实现。

四、中国—东盟应对气候变化的合作建议

气候变化对中国和东盟的社会经济可持续发展提出了巨大挑战，中国和东盟国家切身体会到加强地区气候合作的重要性，区域气候合作逐步成为中国与东盟合作中不可或缺的重要领域。为进一步加强与东盟国家的交流合作，共同推进应对气候变化和实现低碳发展，提出以下工作建议。

（一）建立中国—东盟应对气候变化合作机制，有效推动区域应对气候变化合作

中国和东盟国家在应对气候变化的诸多领域开展了深入合作并取得了积极成果，但其合作机制还有待完善。为进一步加强与东盟国家气候变化合作，协调气候变化国际立场，一是建议与东盟应对气候变化工作组建立工作机制，中方作为观察员国参与到相关政策制定及实施过程中；二是建议将应对气候变化作为优先合作领域纳入《中国—东盟环境合作战略》及《中国—东盟环境合作行动计划》，推动开展一系列的双（多）边合作

交流项目；三是建议在中国—东盟环境合作论坛期间，举办中国—东盟应对气候变化的机制性专题活动，深入交流气候变化面临的挑战及合作需求。

（二）依托"绿色丝路使者计划"，搭建中国—东盟应对气候变化交流合作平台和网络，加强与东盟国家的能力建设合作

为进一步加强与东盟国家的双边、多边应对气候变化合作，建议将应对气候变化有机融入"绿色丝路使者计划"，并将其作为中国—东盟应对气候变化能力建设领域交流合作的高效平台，促进政府、研究机构、企业等多层级、多主体的参与。同时，建议持续开展能力建设活动，与东盟各国交流应对气候变化的政策、法规、标准和措施，分享中国行业碳减排经验和低碳试点示范案例，提升其应对气候变化的能力和水平。

（三）依托中柬环境合作中心，打造气候变化南南合作的试点示范，推动我国绿色技术和产业"走出去"

2018年，中国—柬埔寨环境合作中心筹备办公室正式运行，成为我国"一带一路"生态环境交流与合作的重要境外支点，为开展中柬应对气候变化合作搭建了高效务实的平台。为此，建议依托中柬环境合作中心开展气候变化南南合作的相关试点示范，选择我国优秀的技术和产品向柬埔寨推广，并将其打造为气候变化南南合作的优秀示范项目。未来，将通过区域性布局布点，建设一批有国际影响力的技术示范项目，形成网状示范基地集群，促进项目成果的辐射推广。

（四）持续开展东盟国家应对气候变化专项研究项目，为开展与东盟国家应对气候变化的谈判及合作提供技术支撑

建议持续开展东盟国家应对气候变化专项研究工作，梳理东盟国家应对气候变化的战略和政策，对比分析重点国家实现可持续发展目标的技术路径，识别重点国家优先合作领域和合作方式，形成一批符合减排要求的成果及关键技术，增加今后气候变化领域国际合作的针对性和实际效果，为未来进一步开展与东盟国家应对气候变化的谈判及合作提供技术支撑。

参考文献

[1] 东盟国家国家自主贡献报告[EB/OL]. https://www.unfccc.int/sites/ NDCStaging/ Pages/All.aspx.

[2] 二氧化碳排放量[EB/OL]. https://data.worldbank.org/indicator/EN.ATM.CO2E.KD.GD.

[3] Hans Joachim Schellnhuber，Dim Coumou，Tobias Geiger，et al. A Region at Risk：The Human

Dimensions of Climate Change in Asia and the Pacific[R]. Asian Development Bank. 2017.

[4] 张朋远. 东盟应对气候变化政策分析[D]. 武汉：华中科技大学，2015.

[5] 龚微，贺惟君. 基于国家自主贡献的中国与东盟国家气候合作[J]. 东南亚纵横，2018（5）：65-72.

[6] 黄栋. 东盟国家应对气候变化政策分析[M]. 北京：科学出版社，2017.

开启上海合作组织环保合作新征程

——《上合组织成员国环保合作构想》的进展与展望

文/李菲　王语懿

上海合作组织（以下简称上合组织）是唯一一个以中国城市命名的重要国际组织，是中国全力营造睦邻友好周边环境和推动建设绿色"一带一路"的重要平台之一。

2019 年 6 月 13—14 日，上合组织成员国元首理事会第十九次会议在吉尔吉斯共和国比什凯克举行。会议强调，要继续深化上合组织生态环保合作。会议发表《上海合作组织成员国元首理事会比什凯克宣言》（以下简称《宣言》）。《宣言》指出，"成员国基于维护上合组织地区生态平衡、恢复生物多样性的重要性，保障人民福祉和可持续发展，造福子孙后代，欢迎签署《2019—2021 年〈上合组织成员国环保合作构想〉落实措施计划》"。同时，"成员国欢迎《联合国气候变化框架公约》第 24 次缔约方大会通过《巴黎协定》实施细则，重申致力于应对气候变化的承诺"。

2018 年 6 月上合组织青岛峰会期间通过的《上合组织成员国环保合作构想》（以下简称《构想》）是上合组织框架下第一份关于生态环保合作的纲领文件。2019 年比什凯克峰会通过了《2019—2021 年〈上合组织成员国环保合作构想〉落实措施计划》，成为上合组织成员国落实《构想》的具体行动指南，为进一步推动各国务实环保合作指明了方向。

本文介绍《构想》的发展历程和主要内容，分析《构想》通过的契机和落实的难点，并对落实领导人会议成果、推动上合组织务实环保合作提出以下建议。

（1）完善合作机制。完善上合组织成员国环境部长会议机制，扩大环保合作在上合组织框架下的影响力；推动上合组织秘书处成立环保合作部门，协调落实领导人会议提出的合作任务；成立由各成员国相关领域专家组成的工作组，负责落实《构想》及其措施计划中的具体任务，推动环保合作更加高效务实。

（2）推动优先领域合作。对照《2019—2021 年〈上合组织成员国环保合作构想〉落实措施计划》确定的优先领域，依托中国—上海合作组织环境保护合作中心，推动环保政策对话与能力建设、继续建设上合组织环保信息共享平台、开展环境污染防治和环保技术产业合作、实施应对气候变化援助与合作、推动建立生态城市伙伴关系。

（3）开拓资金渠道。建议政府继续加大对上合组织环保合作的资金支持力度，同时广泛吸引民间资本投入，加强与国际金融机构的合作等，扩大融资渠道，共同促进区域绿色发展。

一、《构想》的发展历程和主要内容

（一）《构想》的发展历程

上合组织成立之初，各成员国就将环保视为重要合作领域。2001 年通过的《上海合作组织成立宣言》和 2002 年通过的《上海合作组织宪章》中均明确表示，鼓励开展环保领域合作是上合组织的宗旨和任务之一。上合组织的官方环保对话机制为上合组织成员国环境部长会议和环保专家会。

2004 年 6 月，上合组织成员国元首在《塔什干宣言》中提出，"应当将环境保护及合理、有效利用水资源问题提上本组织框架内的合作议程。相关部门和科研机构可在今年内开始共同制定本组织在该领域的工作战略"。这是上合组织首次正式提出制定上合组织成员国环保合作文件。

2005 年环保专家会启动，开始磋商《构想》草案，探讨建立上合组织成员国环境部长会议机制的可行性。2005—2008 年先后召开 5 次环保专家会，但各方对草案文本分歧较大，2009—2013 年会议更是陷入停滞阶段。随着各成员国经济社会发展水平的提高，各国逐渐意识到开展务实环保合作的重要性，2014 年环保专家会重启。虽然矛盾依旧存在，但各方就环保合作文件达成一致的意愿越发强烈。2018 年，在中方担任上合组织轮值主席国期间，经过各方的积极推动和中方的大力协调，各成员国终于在青岛峰会上就《构想》达成一致。

《构想》磋商历经十余年终获通过，这是各方迫切寻求环保合作共识的结果，也是互信、互利、平等、协商、尊重多样文明、谋求共同发展的"上海精神"的具体体现。

（二）《构想》的主要内容

《构想》以保持上合组织国家的生态平衡，维护适于人类生存的良好环境和可持续发展为目标，对共建清洁美丽世界具有重要意义。作为上合组织环保合作的纲领性文件，《构想》确立了上合组织环保合作的目标、原则、方向、形式等。

按照《构想》，各成员国将通过实施联合规划与项目、联合举办活动、专家研讨等形式，在生物多样性保护、适应气候变化、废物管理、环保科技合作、环境监测技术、环保宣传与教育、绿色发展等重点方向和优先领域开展合作。

（三）《构想》的落实举措——《2019—2021 年〈上合组织成员国环保合作构想〉落实措施计划》

2019 年比什凯克峰会批准的《2019—2021 年〈上合组织成员国环保合作构想〉落实措施计划》，为进一步推动上合组织务实环保合作指明了方向。未来 3 年内，上合组织各国将在开展环境信息和环保经验交流的基础上，探讨建立上合组织环保信息共享平台、完善环境监测模式与方法、环保技术转让、环保项目的引资和融资等问题。这将推动上合组织环保合作从政策对话、人员交流，逐步向技术转让、项目合作转变，促进合作不断务实发展。

二、《构想》通过的契机：上合组织环保合作面临的机遇

《构想》的磋商历经十余年，最终在青岛峰会得以通过，时隔一年比什凯克峰会又通过了《2019—2021 年〈上合组织成员国环保合作构想〉落实措施计划》，这是因为各成员国都看到了上合组织环保合作正面临着的前所未有的机遇。

（一）生态环保和可持续发展成为全球发展趋势

当前，随着世界经济的发展，生态环保、可持续发展、绿色发展、气候变化等议题已逐渐成为国际社会关注的焦点。各国积极参与 2030 年可持续发展议程、《巴黎协定》的落实，相关国家和组织在环境保护领域的活动频繁，生态环保成为最具潜力的国际合作领域之一。欧亚经济联盟、南亚区域联盟等区域组织都将环保作为重要合作领域之一，这为推动上合组织环保合作提供了参考。

（二）各成员国对生态环保工作日益重视，环保合作成为各成员国的内在需求

近年来，随着上合组织成员国经济的快速发展，地区环境污染和生态破坏加剧，大气和水体污染、固体废物处理等问题日益凸显，各国政府越发重视生态环保工作，并把环保作为国家发展战略的重要内容。在中国，党的十九大提出坚持人与自然和谐共生、坚决打好污染防治攻坚战、建设美丽中国；全国生态环境保护大会确立习近平生态文明思想，强调良好生态环境是最普惠的民生福祉、绿水青山就是金山银山。2018 年 5 月，俄罗斯总统普京签署的《2024 年俄罗斯联邦国家目标及战略发展任务总统令》中明确了生态环保领域的工作目标和任务，并于 2019 年开始实施国家项目"生态"。哈萨克斯坦

提出在 2050 年前实现向绿色经济成功转型，2019 年 9 月哈萨克斯坦总统托卡耶夫发表国情咨文，强调保护自然环境、严查盗猎行为、合理利用土地资源等。2018 年 2 月乌兹别克斯坦共和国总统米尔济约耶夫主持召开环保工作会议，要求制定《国家环境保护构想》。吉尔吉斯斯坦共和国积极落实《吉尔吉斯共和国生态安全构想》，高度重视生物多样性保护。塔吉克斯坦共和国制定《塔吉克斯坦共和国环境保护构想》，推动国际水资源合作。印度将环保工作内容列入国家五年发展计划，大力推动节能减排。巴基斯坦制定实施《国家环境政策》，开展清洁大气项目等。

同时，各成员国逐渐意识到，区域环境问题需各国协同治理，一些共同的环境问题可以通过合作来提高治理效率。例如，中俄正积极拓展固体废物处理领域的合作，哈萨克斯坦向中国借鉴大气污染治理经验，哈、吉、乌三国联合申遗成功，俄罗斯与印度探讨虎豹保护合作等。加强务实环保合作日益成为各成员国的共同需求和愿望。且各成员国之间已有较好的环保合作基础，进一步拓展上合组织框架下的多边务实环保合作符合各成员国利益。

（三）中方为推动上合组织环保合作打下良好基础

中方在推动上合组织环保合作方面一直发挥着积极作用。2014 年 6 月，中方成立中国—上海合作组织环境保护合作中心，这是上合组织成员国中成立的首个专门从事上合组织环保合作的机构。

通过一系列措施，中方推动与上合组织国家开展的环保合作取得积极进展和成果：一是强化顶层设计，凝聚合作共识，在担任上合组织轮值主席国期间，中方积极协调各方立场，最终促成《构想》顺利通过，此后又积极推动制定和通过《2019—2021年〈上合组织成员国环保合作构想〉落实措施计划》；二是实施绿色丝路使者计划，成功举办 13 次上合组织框架下的研讨交流与培训活动，近 200 名上合组织国家代表参加，涵盖环境管理政策、绿色经济发展、固体废物处理、水污染防治、生态城市建设等多个领域；三是加强信息共享，共建上合组织环保信息共享平台，将其作为"一带一路"生态环保大数据服务平台的分平台和重要支撑；四是深化双多边务实环保合作，利用"一带一路"、欧亚经济论坛、金砖国家、亚洲相互协作与信任措施会议等平台推动与上合组织国家的多边合作，与俄罗斯建立了中俄总理定期会晤委员会环保合作分委会的官方合作机制和中俄友好、和平与发展委员会生态理事会的民间合作机制，与哈萨克斯坦建立中哈环境保护合作委员会机制，与塔吉克斯坦签署环保部门间合作备忘录。

（四）绿色"一带一路"为上合环保合作带来新机遇

中国政府高度重视绿色"一带一路"建设。在 2019 年召开的第二届"一带一路"国际合作高峰论坛上，习近平主席指出"把绿色作为底色，推动绿色基础设施建设、绿色投资、绿色金融，保护好我们赖以生存的共同家园"，"我们启动共建'一带一路'生态环保大数据服务平台，将继续实施绿色丝路使者计划，并同有关国家一道，实施'一带一路'应对气候变化南南合作计划"。

上合组织国家是"一带一路"沿线重要国家，目前，中俄正在实施"一带一盟"对接，双方环保部门商定在"一带一路"框架下继续开展合作；中哈双方表示愿意在落实"一带一路"倡议、哈萨克斯坦"绿色桥梁"伙伴计划和中方绿色发展理念框架下加强交流与合作。未来，绿色"一带一路"建设将惠及上合组织各个国家，对推动上合组织环保合作将发挥重要作用。

三、《构想》落实的难点：上合组织环保合作面临的挑战

随着《构想》及其 3 年落实措施计划的通过，落实上述文件内容将成为上合组织环保合作的重要工作。就目前上合组织环保合作的进展和形势来看，合作文件落实依然面临着一些困难。

（1）《构想》的落实机制有待完善。相比其他人文领域合作，上合组织环保合作机制依然不够成熟。第一次上合组织成员国环境部长会议于 2019 年召开，尚未形成成熟机制；历年召开的环保专家会作为上合组织框架下各国探讨环保合作问题的平台，议题设置单一，目的多为合作文件磋商；且参会代表主要是政府官员，缺乏相关领域专家参与，无法深入探讨各国的环保问题和合作需求。因此，就目前来看，现有环保合作机制无法满足落实《构想》的需要。

（2）落实《构想》缺乏资金支持。目前，上合组织没有专门的资金用于支持开展环保合作，仅靠各国政府部门自愿出资开展相关合作活动。但上合组织成员国大部分是发展中国家，经济发展水平相对不高，对环保合作的资金支持力度有限。一些成员国更倾向与欧洲发达国家、国际组织等开展合作，以便获取援助和贷款，因此，参与上合组织环保合作的积极性有待提高。

（3）各国的环保合作诉求存在一定差异。由于各国所处的经济发展阶段不同、地理环境不同、环境污染特点不同，各国的环保合作需求存在一定差异。例如，中亚国家对水资源问题高度关注，俄罗斯大力开展固体废物处理领域的改革与国际合作，印度重视生物多样性保护工作等，这导致各国对优先合作领域的确定存在一些分歧。

（4）环保合作在上合组织中的地位有待提升。虽然环保合作是上合组织基础性文件中确定的重要合作领域之一，但上合组织目前仍是以安全、经贸、能源等领域合作为主，对环保合作的重视程度相对较低。上合组织秘书处也没有设立专门的环保部门，开展环保合作的协调力度不够。

四、展望与未来合作建议

上合组织是中国参与的重要政府间国际组织，是中国全力营造睦邻友好周边环境的重要平台，对中国的周边政策和周边环境有着实质性影响，关系到中国西北、西南、东北地区的安全和稳定。随着国际和地区形势发生变化、上合组织扩员、中国影响力提升等，中国对上合组织的定位在逐渐演变，上合组织环保合作也应适应新形势不断发展。

虽然上合组织环保合作面临挑战，但各国开展环保合作的意愿越来越强烈，且随着各国经济发展，合作需求将逐步扩大。开展务实环保合作是保护上合组织区域生态环境和保障人民福祉的必然要求，落实《构想》及其措施计划势在必行。

为推动中国"成为全球生态文明建设的重要参与者、贡献者、引领者"，我国要继续积极引领、稳步推进上合组织框架下的环保合作。作为上合组织主要创始成员国，中方应在落实《构想》及其措施计划中发挥更积极的作用。因此，为推动上合组织环保合作提出以下建议。

（一）完善合作机制

（1）完善上合组织成员国环境部长会议机制，推动机制成熟化，丰富会议内容和形式，发挥高层作用，从而扩大环保合作在上合组织框架下的影响力。

（2）推动秘书处成立环保合作部门，协调落实领导人会议提出的合作任务，提升环保合作在上合组织中的地位。

（3）为了更好地开展合作，建议根据工作需要，成立由各成员国相关领域专家组成的工作组，负责落实《构想》及其措施计划中的具体工作任务，推动环保合作更加高效务实。

（二）推动优先领域合作

为推动环保领域的务实合作，建议继续依托环保专家会议机制，发挥中方在上合组织框架下的重要协调作用，对照《2019—2021 年〈上合组织成员国环保合作构想〉落实措施计划》确定的优先领域，推动实施务实合作项目。

（1）环保政策对话与能力建设。继续依托中国—上海合作组织环境保护合作中心，举办各类研讨交流活动，与各成员国交流环保法律法规、政策、标准等方面的信息，增进相互了解。同时，在"绿色丝路使者计划"框架下，加大对上合组织国家政府官员、专家、企业代表和青年的培训，为绿色"一带一路"建设培养人才。

（2）环境信息化建设。交流环境信息化建设经验，共同建设环境信息共享平台，推动信息和数据共享。上合组织环保信息共享平台建设目前已取得良好进展，网站也已投入运行，但未来仍需开展大量工作。一是探索平台共建共享模式，通过官方机制与各成员国签署共建协议，推动平台成为开放共享、互利共赢的合作项目；二是扩大平台影响力，加大对上合组织秘书处门户网站和各类活动的宣传力度；三是积极探索建立海外分平台，推动各国环境管理信息化进程。

（3）环境污染防治和环保技术产业合作。推动各国在大气、水和土壤污染防治，以及固体废物处理等方面的交流和合作，分享环境治理经验，互学互鉴，共同应对和解决区域环境污染问题。充分吸引地方政府、企业、金融机构的参与，优先推动上述领域示范工程和技术合作项目，促进环保技术交流与产业合作，推动环境标准"走出去"，促进务实合作项目落地。

（4）应对气候变化援助与合作。上合组织成员国的生态环境深受气候变化影响，由气候变化导致的冰川消融加剧了地区水资源纠纷。2019年比什凯克峰会重申致力于应对气候变化的承诺，应以落实《巴黎协定》为契机，加强与上合组织成员国在应对气候变化领域的合作与交流，共同研究气候适应和减缓措施，利用发展援助等手段，帮助上合组织国家提高气候灾害的管理水平。

（5）推动建立生态城市伙伴关系。加强城市间合作，落实中方提出的"共建绿色丝绸之路：发展生态城市伙伴关系"倡议，促进绿色基础设施建设，共同解决城市环境问题，逐步形成从中央到地方的立体合作局面。

（三）开拓资金渠道

（1）继续加大投资力度。推动上合组织环保合作，加大相关资金投入，包括在对外援助资金、中央财政环保专项中增加对上合组织环保合作的支持力度，争取丝路基金的支持，并广泛吸引民间资本投入。

（2）积极推动建立合作资金机制。应推动建立上合组织绿色发展基金，专门用于开展环保合作；同时，加强与联合国机构、亚洲基础设施投资银行等国际金融机构，以及国内机构和企业的联系与合作，扩大融资渠道，共同促进区域绿色发展。

参考文献

[1] 秦鹏. 上海合作组织区域环境保护合作机制的构建[J]. 新疆大学学报，2008（1）：100-105.

[2] 戎玉. 上海合作组织环境安全合作研究[D]. 上海：华东师范大学，2014.

[3] 李进峰. 上海合作组织扩员：挑战与机遇[J]. 俄罗斯东欧中亚研究，2015（6）：36-44，93.

[4] 白联磊. 上海合作组织扩员：新发展机遇与挑战[J]. 国际问题研究，2017（6）：56-69.

[5] 中国—上海合作组织环境保护合作中心. 上海合作组织成员国环境保护合作研究[M]. 北京：社会科学文献出版社，2014.

加强环保合作，为中国—中东欧合作增添绿色含量

文/谢静　张扬

2019 年 4 月 12 日，第八次中国—中东欧国家领导人会晤在克罗地亚杜布罗夫尼克举行，希腊作为正式成员加入中国—中东欧国家合作，"16+1 合作"朋友圈不断扩大。中国—中东欧国家合作已成为"一带一路"合作的重要组成部分。李克强总理在本次会晤的讲话中指出，发展绿色经济是中国和中东欧国家的共同追求，也是双方创新合作的重要组成部分。要用好新成立的"16+1"环保合作机制，鼓励地方间实施环保示范项目，开展联合研究、环保技术合作，扩大风能、太阳能等清洁能源联合开发，推动相关机构通过发行绿色金融债券等手段支持绿色经济合作项目，为"16+1 合作"增添绿色含量。会后发布的《中国—中东欧国家合作杜布罗夫尼克纲要》中也明确指出，与会各方鼓励在废物无害化处置等方面开展交流，欢迎各方环保科研机构和企业本着自愿原则探索开展务实项目合作。鼓励加强中国与中东欧国家在环境保护领域的合作，支持在黑山建立的中国—中东欧国家环保合作机制发挥更明显作用，支持举办第二届中国—中东欧国家环保合作部长级会议。由此可见，环保合作已成为中国—中东欧国家合作的重要内容之一。

通过对中东欧国家生态环境现状的梳理发现，中国和中东欧国家面临着很多相似的环境问题，在细颗粒物（$PM_{2.5}$）污染防治、化学品安全、气候变化、固体废物管理和生物多样性保护等领域面临着共同的挑战，改善环境质量、推动绿色增长的实际需求也不断增强。中国在努力改善本国生态环境质量的同时，积极开展生态环保国际合作，为全球环境治理贡献中国智慧和中国方案。习近平主席在"一带一路"国际合作高峰论坛上提出，"要践行绿色发展的新理念，加强生态环保合作，共同实现 2030 年可持续发展目标"，倡议设立"一带一路"绿色发展国际联盟和生态环保大数据服务平台。中东欧国家是"一带一路"倡议的重要合作伙伴，绿色"一带一路"建设将为各方生态环保合作提供广阔舞台。在这种形式下推动中国—中东欧国家合作机制下的环保合作恰逢其时。

一、中国—中东欧国家合作

中国—中东欧国家领导人会晤，是中国—中东欧 16 国领导人的会晤机制。自 2012 年开始举办，每年举办一次。图 1 为中国在领导人会晤机制下与中东欧国家开展的各领域合作机制。中东欧 16 国涵盖 3 个地理区域，即中欧（波兰、匈牙利、捷克、斯洛伐克）、东南欧（罗马尼亚、保加利亚、阿尔巴尼亚、斯洛文尼亚、克罗地亚、塞尔维亚、波黑、马其顿、黑山）、波罗的海（立陶宛、拉脱维亚、爱沙尼亚），区域总面积约 133.2 平方千米，总人口数为 1.2 亿。

自 2012 年以来，中国与中东欧合作呈现出全方位、宽领域、多层次的特点。中国设立了中国—中东欧国家合作秘书处，中东欧国家在中国派遣了协调员，通过了包括《中国—中东欧国家合作中期规划》在内的一系列纲领性合作文件，搭建起 20 多个机制化交流平台，推出 200 多项具体举措，为在经贸、金融、基础设施建设、人文和环境卫生等方面合作打下了良好基础。

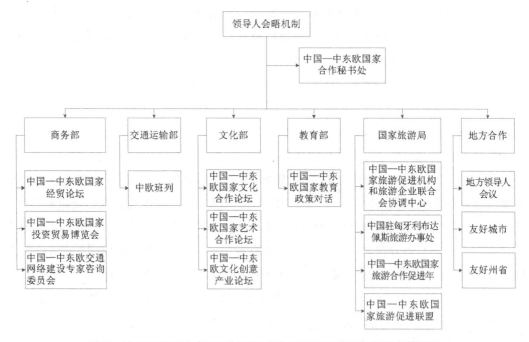

图 1 中国在领导人会晤机制下与中东欧国家开展的各领域合作机制

根据中国—中东欧国家领导人会议通过的《布达佩斯纲要》，黑山牵头组建中国—中东欧环保合作机制,并于 2018 年 9 月 19—20 日在黑山首都波德戈里察举办首次中国—中东欧国家环保合作部长级会议。会议发布主席声明，通过了《关于中国—中东欧国家环境保护合作的框架文件》，为中国—中东欧环保合作指明了方向。

二、中东欧国家的环境政策分析

中东欧地区 16 国中的波兰、匈牙利、捷克等 11 国均为欧盟成员国。欧盟成员国多为发达国家，具有较好的环境保护的经济基础和技术条件，同时具有生态环保的强烈意愿，环保政策和环保法律体系也更健全。中东欧国家在加入欧盟后，在环境政策和法律上须遵行欧盟法律，而尚未加入欧盟的国家，为能早日达到欧盟的要求，与欧盟体系接轨，也尽可能采用欧盟的相关法规。

（一）欧盟引导的环境政策方向

2013 年，欧盟发布了《第七个环境行动计划》（EAP），该行动计划将指导欧盟 2013—2020 年的环保政策。欧盟在水、大气、固体废物、生物多样性和气候变化等方面都为中东欧国家提供了基准和参照。此外，欧盟在环境保护的力度和标准上超过中东欧国家，在一定程度上促进了该地区的环境保护。表 1 为欧盟环保领域相关策略与指令。

表 1　欧盟环保领域相关策略与指令

领域	主题策略	主要指令
水	《欧洲水资源保护的蓝图》（2012）	《城市污水指令》（1991）、《饮用水指令》（1998）、《水框架指令》（2001）、《洪水指令》（2007）、《地下水指令》（2007）、《洗浴用水指令》（2006）
大气	《空气污染的专题战略》（2005）	《国家排放上限指令》（2001）、《环境空气质量标准及清洁空气法案》（2008）、《空气质量指令》（2008）
土壤	《土壤专题战略》（2006）	［COM（2006）232］指令
固体废物	《废物的回收与防范专题战略》（2005）	《填埋指令》（1999）、《废物焚烧指令》（2000）、《废物框架指令》（2008）、制造商责任相关指令
生物多样性	《2020 生物多样性战略》（2011）	《栖息地指令》（1992）、《动物园指令》（1999）、《鸟指令》（2009）、《野生动物贸易法规》、《关于外来入侵物种的条例》（2014）
气候变化	《2020 气候与能源战略》（2009）、《欧盟适应气候变化战略》（2013）	—
可持续发展	《可持续发展战略》（2001）、《资源效率路线图》（2011）	《可再生能源指令》（2009）、《能源效率指令》（2012）

（二）中东欧国家环境政策

除遵循欧盟相关环保规划外，中东欧国家从自身国情出发，制定了相关环境保护规划措施。这些规划措施侧重于应对气候变化、废物管理、生物多样性保护，个别国家还关注噪声、电辐射等环境问题。

1. 中欧地区

波兰制定了《2020发展战略》，旨在气候变化背景下，保障可持续发展与社会经济效能，具体包括保障能源安全与美好环境、有效应对乡村地区气候变化、改变运输方式，同时保障区域建设可持续发展，鼓励有益于适应气候变化的改革。

匈牙利为保护水环境、自然资源，管理固体废物，分别制定了《水管理法案》（1995）、《森林保护和管理法案》（2009）和《废物管理法案》（2000）。

捷克制定了《捷克共和国国家环境政策2012—2020》，规划了环境保护的蓝图。侧重资源保护与可持续利用、气候保护与空气质量提升、废物管理、土壤地质保护、自然风光保护和物种保护。

斯洛伐克制定了《水计划》《可再生资源利用国家计划》《废弃物管理程序》等。旨在改善水环境质量，提高可再生能源利用率，提高废物管理水平。

2. 东南欧地区

罗马尼亚国内的环境政策倾向于同欧盟接轨，主要关注气候变化、生物多样性保护、废物管理、水林管理、可持续发展，以及沿海基础设施重建，提高城乡各环境因子，重视风控与洪涝灾害预防。

保加利亚的环境政策倾向于减缓气候变化、保护生物多样性、保护水环境及提高废物管理水平，此外还关注噪声污染和电辐射污染。

阿尔巴尼亚近期制定了《阿尔巴尼亚生物多样性指令》，旨在保护物种多样性；制定了《水资源法》，旨在保护国内水资源和水环境质量。

塞尔维亚近期为实现环境管理和可持续能源战略框架，政府通过了《国家可再生能源行动计划》，承诺到2020年将可再生能源的发电量增加到27%。此外关注的环境问题还有自然保护、气候变化、水、电离辐射、化学品管理、国家公园保护等。

克罗地亚2013年通过了新的《自然保护法》《生态网络法规》《2013—2017空气计划》《可持续废物管理法》，制定了水资源管理战略，为可持续水资源管理和水资源保护提供了框架，制定了保护海洋环境的条例，开展了建立持续评估监测系统的活动。

斯洛文尼亚对空气和水环境管理主要依靠欧盟指令和相关国际公约。国内的环境政策侧重于废物管理，制定了针对市政废物收集的《强制性市政公共服务法规》草案，修订了关于包装的管理条例和包装废弃物的条例草案；制定了关于垃圾填埋造成环境污染的环境税法令、包装废物形成造成污染的环境税法令。

波黑在州一级建立了适当的机制（尤其是实现国际环境协定的目标），并在国家一级通过了必要的法律；加入《京都议定书》，允许外国加大投资，提高能源利用效率，加大使用可再生能源；提高各部位的环境容量，特别是监督检查；加入国际公约和标准；组建生态负责的市场，要求任何经济行为都要满足生态行为，引入国家计划和生态与经济激励。

马其顿制定了《马其顿共和国水战略》《马其顿共和国可持续发展国家战略》《马其顿共和国生物多样性战略和行动规划》《马其顿共和国废物管理战略（2008—2020）》《马其顿共和国国家废物管理规划（2009—2015）》等环境战略规划。

黑山正逐步采纳和实施欧盟立法，在与欧盟一体化的同时，通过了《空气保护法》，限制固定来源空气污染物排放的规定，关于建立监测空气质量测量点网络的规定，以及关于污染物类型、限值和其他空气质量标准的规定。而最新国家战略和《国家废物管理计划（2014—2019）》是黑山政府支持 2030 年能源发展战略的计划。此外，还制定了《黑山土地保护国家行动方案》，以应对气候变化背景下可能产生的土地退化问题。

3. 波罗的海 3 国

拉脱维亚制定了《国家环境政策计划》（1995 年），旨在对人类健康风险高的地区实现环境质量和生态系统稳定性的显著改善，同时防止其他地区的环境质量恶化，改善自然条件，提高城市化水平，改善土壤、水、空气质量，提高废物管理水平。

爱沙尼亚制定了《环境战略规划 2030》，并为该战略的落实制定了阶段性的行动计划《国家环境行动计划 2007—2013》。旨在提高自然资源和废物管理水平，保护自然景观和生物多样性，改善气候变化以及提高生活质量。

立陶宛的环境政策主要关注工业污染、温室气体和能源、大气污染、土地覆盖、废物管理、生物多样性、噪声。

三、开展中国—中东欧环境合作建议

作为中国与中东欧国家的外交创新之一，"16+1 合作"框架自 2012 年启动以来，内容不断丰富，合作日臻成熟，达成的各项会议成果正在有条不紊地推进落实，在推动"一带一路"倡议和发展中欧关系上发挥了重要作用。经过几年的培育，中国—中东欧环保合作呈现良好的契机，合作内容和领域广泛。为推动中国与中东欧国家环保合作开启新篇章，对未来具体工作建议如下。

（1）充分利用好中国—中东欧国家环保合作部长级会议机制，引领双方务实合作。根据首次中国—中东欧国家环保合作部长级会议相关文件要求，发挥部长级会议的引领作用，优先在废物无害化处置、水质监控和污水处理等方面开展交流与合作。通过环保政策交流、学术讨论、人才培训、展会论坛等活动，推动 17 国生态环保务实合作。

（2）做好中东欧国家生态环保基础研究，为部长级会议奠定基础。建议设立中国—中东欧国家生态环保合作研究基金，鼓励社会力量参与相关研究，识别中东欧国家生态环保领域热点问题与优势领域，充分发挥"一带一路"生态环保大数据服务平台作用，推动生态环保领域需求与供给精准对接。

（3）邀请中东欧国家加入"一带一路"绿色发展国际联盟。中东欧 16 国已与我国签署共建"一带一路"合作文件，这为其参与支持"一带一路"生态环保合作奠定了良好基础。建议进一步邀请中东欧国家加入国际联盟，分享绿色发展经验，讲好中国生态环保故事，推动"16+1"环保合作与绿色"一带一路"相互促进，共同落实 2030 年可持续发展目标。

（4）加强人员交流，积极推进环保产业合作。加强生态环境领域人员交流，既有助于引入欧洲国家的先进环境理念，也有助于中东欧国家了解我国的生态文明理念。同时，鼓励政府、科研机构、企业等积极互动、互学互鉴，推动绿色产品标准互认，促进先进环保技术应用，共同培养、扶持环保产业发展和绿色经济增长点。

参考文献

[1]　刘作奎. 中国与中东欧合作：问题与对策[J]. 国际问题研究，2013（5）：73-76.

[2]　于军. 中国—中东欧国家合作机制现状与完善路径[J/OL]. 国际问题研究，2015（2）：112-126. http://www. chinathinktanks.org.cn/content/detail/id/og7p4d83.

[3]　刘作奎. "一带一路"背景下的"16+1 合作"[J]. 当代世界与社会主义，2016（3）：144-151.

[4]　周国梅. 开展双多边合作　培育环保合作新动能[EB/OL]. [2018-07-10]. http://www.gov.cn/xinwen/ 2018-07/10/content_5305218.htm.